经济管理学术文库·经济类

煤炭矿区节能减排
多目标优化决策研究

Research on Multi-objective Optimization Decision-making of
Energy Conservation and Emissions Reduction for Coal Mines

杨 娟／著

经济管理出版社
ECONOMY & MANAGEMENT PUBLISHING HOUSE

图书在版编目（CIP）数据

煤炭矿区节能减排多目标优化决策研究/杨娟著. —北京：经济管理出版社，
2015.7

ISBN 978-7-5096-3801-9

Ⅰ.①煤… Ⅱ.①杨… Ⅲ.①煤矿—矿区—节能—多目标决策系统—研究
Ⅳ.①X322

中国版本图书馆 CIP 数据核字（2015）第 121649 号

组稿编辑：申桂萍
责任编辑：张 达
责任印制：黄章平
责任校对：张 青

出版发行：经济管理出版社
　　　　　（北京市海淀区北蜂窝 8 号中雅大厦 A 座 11 层　100038）
网　　　址：www. E-mp. com. cn
电　　　话：(010) 51915602
印　　　刷：北京九州迅驰传媒文化有限公司
经　　　销：新华书店
开　　　本：720mm×1000mm/16
印　　　张：12.5
字　　　数：168 千字
版　　　次：2015 年 7 月第 1 版　　2015 年 7 月第 1 次印刷
书　　　号：ISBN 978-7-5096-3801-9
定　　　价：48.00 元

前　言

　　煤炭资源相对丰富的赋存条件决定了其在我国工业中的主导地位，然而以煤炭为主的能源消费结构导致能源利用效率低、污染物排放多，给生态环境的保护造成了极大的威胁。如今，化石能源日渐枯竭，新能源的成本高且难度大。随着国际碳税的逐渐盛行，不采取节能减排措施就会被新的贸易壁垒阻碍其经济的发展。节能减排作为实现经济发展和保护环境双赢的有效途径，不仅是我国自身可持续发展的内在要求，也是为全球减缓气候变化做出的重要贡献。

　　煤炭行业作为九大重点耗能产业之一，在节能减排工作中扮演着重要的角色。"十一五"规划节能减排战略的实施，煤炭行业在提高能源效率和减少污染排放两方面都有很大的进展。为了达到"十二五"规划节能减排的目标，必须继续依靠先进科学技术的力量，改变以往高投入、高能耗、高排放的生产模式，提高能源利用效率，加强排放物的回收利用，发展循环经济。

　　煤炭矿区资源配置系统错综复杂，在制定节能减排策略时需要考虑一系列的因素，如经济、社会、环境、技术等。从可持续发展的角度，本书同时考虑经济效益、能源效益和环境效益三个目标，试图通过多目标优化决策的方法，对能耗和排放的关键工序进行节能设备改造，同时通过投资一定的项目来治理或综合利用排放物，优化配置矿区的煤炭生产计划。主要研究内容如下：

　　（1）矿区节能减排潜力。在制定节能减排策略之前，需要首先掌握矿区目前的能源消耗结构、能源利用效率、污染物的回收和排放情况。针对"十一五"规划末的能源消耗和污染排放数据，确定投入产出指标体系，基于投入的 CCR-DEA 模型计算矿区的能源利用效率，评估节能减排的潜力。

（2）静态多目标优化模型。选择"十二五"整个规划期的煤炭产量、关键工序设备节能改造投资、治理或综合利用项目投资作为优化的决策变量，确定经济效益、能源效益、环境效益的表达方式，描述矿区煤炭资源储量、投资资金和工序关系等约束条件，建立煤炭矿区节能减排静态多目标优化模型。

（3）静态多目标模型求解算法。与单目标优化问题不同，多目标问题的优化不仅需要区分可行解和不可行解，而且还需要在多个目标之间辨别同类解的优劣。这些问题的解决依赖于约束条件的正确处理。由于多目标问题的最优解是由多个非支配解组成的 Pareto 解集，故在解空间内尽可能多地搜索到非支配解是得到高质量解的保证。结合非劣分类遗传算法 NSGA-Ⅱ 和粒子群算法 PSO，充分发挥 NSGA-Ⅱ 的全局搜索能力和 PSO 局部寻优的特性，提出混合进化算法 PSO-NSGA-Ⅱ，并验证算法的收敛性、覆盖性及均匀性。

（4）动态多目标优化模型。根据投资决策的时序性特点，以"十二五"规划期内的每一年作为优化对象，考虑节能减排的阶段性效果，将上一年的煤炭生产计划和投资决策作为下一年制定节能减排策的依据，建立煤炭矿区节能减排动态多目标优化模型。

（5）动态多目标模型求解算法。动态多目标模型的优化目标和约束条件随时间推移呈现动态变化的特点，决策环境不断发生改变，这就要求算法除了在固定的进化环境内尽可能多地搜索到 Pareto 解，还要能探测到进化环境的任何微小变化，并对环境变化做出正确的响应，确定新环境的进化参数。基于这些考虑，设计混合进化算法 DNSGA-Ⅱ-PSO 求解动态多目标模型，对算法探测环境变化、保持种群多样性、预测环境变化三个性能进行分析。

（6）满意解的筛选。快速有效的决策是建立在少数有限的候选方案的基础之上的，所建立的多目标优化模型最终求得的是一组非劣的 Pareto 解集，候选方案的选取还需要对 Pareto 解集进行进一步筛选，这需要借助于多属性决策的方法。故运用混合聚类方法 SC–MTD–GAM，在保证 Pareto 前端分布特性的基础上，尽量减少 Pareto 解集的大小，考虑决策者的偏好，选择有代表性的 Pareto 解作为候选方案。

基于多目标优化模型和满意解筛选方法，以典型煤炭矿区超化矿的煤炭生产为应用对象，探讨为了达到"十二五"规划节能减排目标，矿区如何安排煤炭生产计划，对哪些生产设备进行节能改造，投资多少项目对污染物进行治理或综合利用。得到如下结论：

（1）通过对煤炭矿区能源消费结构和污染排放情况的分析，矿区主要消耗原煤、汽油、柴油、电力四种能源，主要排放二氧化硫、矿井水、煤矸石三种污染物。运用 CCR-DEA 模型对矿区的能源效率和减排潜力进行评估，表明矿区当前处于最优的生产前沿，能源利用效率已达到最大化，进一步实施节能减排需要利用先进技术来提高生产效率。

（2）建立的煤炭矿区节能减排投资多目标决策模型，满足了煤炭矿区节能减排投资的决策需要。该模型以原煤产量最大、能耗和污染排放最少为目标，考虑资源、工序、资金和环保等多个约束，较好地描述了中国现阶段典型煤矿节能减排投资的决策需要。

（3）提出的 PSO-NSGA-Ⅱ混合多目标求解算法，比 NSGA-Ⅱ算法具有更好的收敛性、覆盖性和均匀性。针对本书建立的多目标优化模型的决策变量类型前有 0-1 和实数的特点，提出一种混合 PSO 实数编码和 NSGA-Ⅱ二进制编码的求解算法。通过质心距离、覆盖性、间隔距离三个性能指标与 NSGA-Ⅱ的计算结果进行对比，说明 PSO-NSGA-Ⅱ发挥了 PSO 和 NSGA-Ⅱ两种算法的组合优势，具有更好的收敛性、覆盖性和均匀性。

（4）提出的 DNSGA-Ⅱ-PSO 混合进化算法，比 DNSGA-Ⅱ-A 算法更能够探测到进化环境的任何微小的变化，保持种群多样性避免算法早熟而陷入局部最优，且能通过预测以响应环境的变化。根据动态决策的特点，本书将每个投资计划年作为决策阶段，建立含有实变量和 0-1 变量的动态多目标模型，提出混合算法 DNSGA-Ⅱ-PSO，充分利用 DNSGA-Ⅱ在全局的角度引导算法的搜索方向，PSO 控制局部区域的快速寻优。此混合算法采用环境探测算子探测投资环境的任何变化，结合惯性预测、高斯分布、随机生成三种新个体产生方式完成对新环境的预测。通过对每个环境下的质心距离、覆盖性、间隔距离三个性能指标与 DNSGA-Ⅱ的计算结果进行对比，说明 DNSGA-Ⅱ-PSO 对决策环境具有更好的探测性和预测性。

（5）运用混合聚类方法 SC-MTD-GAM 根据管理者的偏好对 Pareto 方案集进行筛选，最终得到经济偏好型、能源节约型和协调发展型三种节能减排方案。对矿区节能减排前后的煤炭生产情况进行比较分析：对于经济偏好型投资方案，矿区在达到"十二五"规划节能减排目标的前提下，保证最大的生产能力和充分利用投资资金，最大化煤炭产量；能源节约型投资方案偏重减少能源消耗量和污染物排放量，很大程度依赖于大量缩减煤炭产量的方式实现；而协调发展型方案通过降低煤炭产量、投资节能改造工程和减排项目三种方式达到节能减排的目标。无论是哪种方案，虽然煤炭产量有暂时降低的现象，但是随着节能设备的改造和综合治理利用项目的实施，节能减排的效果不断累积，煤炭产量最终呈增加的趋势，最终超过节能减排措施实施前的产量。这说明矿区实施节能减排是一项非常必要和长期的有价值的工作，不仅达成节能减排的目标，还从根本上优化了矿区煤炭生产的资源配置，促进矿区向"低能耗、高效率、零污染"的绿色生产模式转型。

本书在全面总结节能减排、多目标优化、最优决策优选研究现状的基础上，重点分析了煤炭矿区节能减排的现状和潜力。为了完成"十二五"规划关于节能减排的目标，以规划期内原煤产量最大、能源消耗和污染排放最少作为优化的三个目标，考虑资源、工序、资金和环保等多个约束，分别从静态和动态两个决策视角建立多目标优化模型，该模型较好地描述了中国现阶段典型煤矿节能减排投资的决策需要。针对建立的多目标优化模型的决策变量类型兼有 0-1 和实数的特点，本书提出一种混合 PSO 实数编码和 NSGA-Ⅱ二进制编码的求解算法 PSO-NSGA-Ⅱ；基于动态决策阶段性的特点，利用 DNSGA-Ⅱ全局搜索性能引导解的进化方向，并通过 PSO 局部寻优的优点加速算法的收敛，提出 DNSGA-Ⅱ-PSO。这两个混合进化算法有效地继承了 NSGA 和 PSO 的优点，能在解空间尽可能大的范围内搜索到更多的非支配解，同时不断趋近真实的 Pareto 前端。基于多目标算法求得的 Pareto 解集，考虑管理者偏好，在保证 Pareto 前端分布形状的基础上，选择具有代表性的解点作为矿区节能减排的候选方案，最终得到经济偏好型、能源节约型、协调发展型三种决策方案，希望对矿区制定节能减排投资计划提供科学的参考依据。

本书得以完成，特别感谢中国地质大学（武汉）博士生导师诸克军老师和郭海湘老师多年来的悉心培养及指导，感谢於世为老师对本书相关研究工作提供的很多帮助和支持，感谢团队成员坚持不懈的交流与合作，感谢国家自然科学基金项目（No.71103016 和 No. 71373148）、山东能源经济协同创新中心（山东省 2011 计划）和山东省自然科学青年基金项目 ZR2014GQ011 等的连续资助，感谢同事、朋友和出版社编辑的大力支持及辛勤劳动。

感谢家人的关怀、理解和鼓励。

由于作者水平有限，加之本书所涉及的内容仍在不断的研究中，书中不妥之处在所难免，恳请专家、读者批评指正。

杨　娟

2015 年 3 月

目　录

第一章 绪 论

第一节 研究背景及意义

一、研究背景

改革开放 30 多年来，随着我国经济的高速发展，能源消耗总量也大幅度增长。从 1978 年的 5.71 亿吨标准煤增长到 2011 年的 34.8 亿吨标准煤。[①]BP 最新发布的《世界能源统计》（2013）数据显示：2012 年我国一次能源消费总量 27.35 亿吨标准煤，同比增长 7.4%，占世界一次能源消费总量的 21.9%，超过美国，跃居世界第一。

我国政府一直高度重视并贯彻实施能源节约政策，而且取得了巨大的成就。近几年，单位 GDP 能耗得到了一定的控制，但二氧化硫排放量和化学需氧量在 2011 年有反弹的势头。2009 年、2010 年、2011 年单位 GDP 能耗分别为 0.9 吨标准煤/万元、0.81 吨标准煤/万元和 0.74 吨标准煤/万元，分别比上年下降 3.07%、10.03% 和 9.07%；二氧化硫排放量分别为 2214.4 万吨、2185.1 万吨和 2217.91 万吨，前两年比上年分别下降 4.6% 和 1.32%，2011 年上升 3.2%；化学需氧量排放

[①]《中国统计年鉴》（2010~2012）。

分别为 1277.5 万吨、1238.1 万吨和 2499.9 万吨，前两年比上年分别下降 3.27% 和 3.08%，2011 年以 101.91% 的比例增长。究其原因，主要是废水的排放量增加了 1.5%。

我国石油和天然气资源较少、煤炭资源相对丰富的能源赋存条件决定了我国的一次能源消耗以煤炭为主。2010 年，在我国能源消费结构中，煤炭占 70.45%、石油占 17.62%、天然气占 4.03%、可再生能源占 7.9%。2011 年，煤炭占 68.8%、石油占 18.6%、天然气占 4.6%、可再生能源占 8%。预计到 2020 年，中国一次能源需求量至少是 25 亿~33 亿吨标准煤，其中煤炭为 21 亿~29 亿吨[1]。随着工业化和城镇化进程的不断加快，我国煤炭消费量持续增加。2011 年，世界煤炭产量 38.45 亿吨标准煤，比 2005 年增加 9.03 亿吨标准煤，其中我国占增量的 71.98%；2011 年，世界煤炭消费量 37.3 亿吨标准煤，比 2005 年增加 8.07 亿吨标准煤，其中我国占增量的 92.32%。①

以煤炭为主的能源消费结构导致能源利用效率低、污染物排放多，给生态环境的保护造成了极大的威胁。煤炭能源消费对生态环境的破坏主要表现为煤炭开采造成的大气污染；开采过程中对水资源的破坏和污染；煤矸石堆存，地表沉陷、裂缝，水土流失，加剧土地荒漠化；远距离运输的煤炭损失和沿线环境污染等。据调查，我国因采矿直接破坏的森林面积累计达 106 万公顷，破坏草地面积为 26.3 万公顷；我国累计占用土地约 586 万公顷，破坏土地约 157 万公顷，且每年仍以 4 万公顷的速度增加，而矿区土地复垦率仅为 10%。另据测算，中国每开采 1 万吨煤，平均塌陷土地 0.2 公顷，在村庄密集的平原矿区，每开采 1000 万吨煤就约有 2000 人需要迁移[1]。2011 年，我国煤炭开采和洗选业废水排放总量 6591922 万吨；废水排放量 104765 万吨；废气排放总量 42.55 万吨，其中二氧化硫、烟尘、粉尘分别为 16.03 万吨、11.62 万吨、14.91 万吨。据世界银行估计，中国空气和水污染造

① 《BP 世界能源统计》（2013）。

成的经济损失，大约占 GDP 的 3%~8%。我国有学者甚至认为，中国环境污染的不完全经济损失大约相当于当年 GDP 的 2.1%~7.7%，中国生态破坏的经济损失大约相当于 GDP 的 5%~13%，两者之和大约为 7%~20%。

为了应对全球气候变化，中国政府在 2009 年举办的哥本哈根会议上庄重承诺：到 2020 年，碳排放强度比 2005 年降低 40%~45%。"十一五"规划以来，国家实施"节能减排"的战略举措，能耗强度从 2005 年的 1.28 吨标准煤/万元下降到 2010 年的 1.03 吨标准煤/万元，累计下降 19.1%，年均下降 4%，全国化学需氧量排放量和二氧化硫排放量分别下降 12.45% 和 14.29%，其中，二氧化硫减排目标提前一年实现，化学需氧量减排目标提前半年实现。从总体上看，基本实现了"十一五"规划既定的目标。目前，我国积极推进的"十二五"规划将继续大力实施节能减排政策，按照资源化、减量化、再利用的原则，发展循环经济，扩大资源综合利用规模，建立能源节约型、环境友好型的煤炭矿区。国家已经提出了一系列积极的措施：合理利用山西北部和内蒙古中西部高铝煤炭资源，推行定点集中利用，建设煤—电—铝—建材一体化循环经济园区；在大型选煤厂周边地区建设洗矸、煤泥和中煤综合利用电厂；加强采煤沉陷区综合治理、土地复垦和植被恢复；高硫煤、高砷煤要采取洗选加工等措施降低含硫量、含砷量，集中利用、集中治理、达标排放等[2]。

但是在"十二五"开局之年，能源消费弹性系数出现反弹，能源消费弹性系数上升到 0.77，为 2006 年以来的最高水平，2011 年能耗强度下降 2%，是自 2006 年以来下降幅度最小的一年。按照"十二五"规划中提出的能耗强度下降 16% 的目标，平均每年能耗强度需要降低 3.4%，2011 年能耗强度下降幅度没有满足规划目标，节能减排形势较为严峻。煤炭工业则更是节能减排的重点单位之一。为了实现既定的节能减排目标，有关部门相应地提出了煤炭工业发展"十二五"规划，用以指导煤炭工业健康发展。2010 年 7 月 9 日，由中国煤炭工业协会和中国煤炭加工利用协会联合举办的全国煤炭工业节能减排暨循环经济现场会在山西大同煤矿集团召开，会议提出了《关于推进煤炭行业发展循环经济促进节能减排工作的指导意见》。该意见根据国家发展循环经济、促进节能减排工作要求和行业发展实际，提出"到2015年要实现全国原煤入洗率达到60%、煤矸石等固体废弃物综合利用率达到75%、瓦斯抽采利用率达到55%、矿井水综合利用率达到80%、土地复垦率提高到50%，大型煤炭企业基本做到全部污染物达标排放"的目标。其中，煤炭工业的节能减排工作面临着更大的挑战。

目前，有关煤炭矿区节能减排的研究具有以下特点：①集中于一些节能减排技术介绍或强调某个环节的节能减排[3]，缺乏从"点"向"面"的延伸，未着眼于煤炭生产的整个业务流程，并未充分发掘矿区的节能减排潜力。②对减排的研究主要集中于如何减少污染物的排放和废弃物的回收利用[4,5]，即在能源已经消耗、污染物已经产生和废弃物已经弃置的情况下，做出环境污染影响的弥补性措施，侧重末端治理的研究，尚未从源头上进行控制；有关煤炭温室气体（GHG）减排的研究，集中于煤炭燃烧利用，特别是煤电行业的GHG减排问题[6-8]，而对煤炭生产过程的GHG排放研究有待进一步深入。③在节能减排实践中，因没有针对矿区实际正确选择路径，缺乏科学的节能减排技术投资决策，一些矿区陷入了节能不经济、减排阻发展的困境。

二、研究意义

煤炭矿区资源配置系统错综复杂，在构建时需要考虑一系列的因素，如经济、社会、环境、技术等。传统煤炭矿区在生产煤炭时一味地追求经济效益，忽略了环境问题和能源消耗问题，而如今化石能源日渐枯竭，开发新能源的成本高且难度大，煤炭矿区生产煤炭时排放的污染物也对生态环境造成了严重的影响。随着国际碳税的逐渐盛行，不采取节能减排措施就会被新的贸易壁垒阻碍其经济的发展。节能减排作为实现经济发展和保护环境双赢的有效途径，不仅是我国自身可持续发展的内在要求，也是为全球减缓气候变化做出的重要贡献。

根据环境污染控制理论，煤炭矿区节能减排主要通过生产工艺优化、节能设备采用、源头污染物减排、排放物事后治理、废物循环利用及管理控制（能耗与排放精细化管理）来实现降低能耗与排放。因此，为实现节能减排目标，煤炭矿区需要针对关键工序能耗与排放物的种类，选用不同的节能减排技术设备和治理方式。而选择什么样的节能设备、治理方法、工艺技术，从根本上决定着矿区节能减排效果的大小。在一定的规划期内，选择哪种技术设备和什么时间投资，它既要考虑满足削减能耗与生态环境负荷的要求，又要考虑矿区成本投入的成本规模，是一个多目标决策问题。

因此，将煤炭矿区节能减排看成一个多目标复杂系统（矿区效益最大、能耗最小、污染排放最少），着眼于煤炭生产的整个业务流程，对在煤炭矿区生产关键工序中的设备进行节能改造，同时投资一定的项目来治理或综合利用排放物，有利于矿区实现节能减排的目标，保证可持续发展，最终为矿区选择节能减排路径提供科学的依据。

第二节　研究内容与技术路线

图 1-1 显示了本书的研究内容与技术路线。在对煤炭矿区节能效率分析和减排潜力估计的基础上，根据矿区投资的时序性特征，本书分别从静态和动态两个视角，建立了煤炭矿区节能减排静态多目标优化模型和动态多目标优化模型，运用进化算法和多属性决策方法探讨矿区节能减排决策方案，并将其应用到超化煤矿的煤炭生产优化配置中，实现矿区经济效益、能源效益、环境效益同时最优化。主要研究

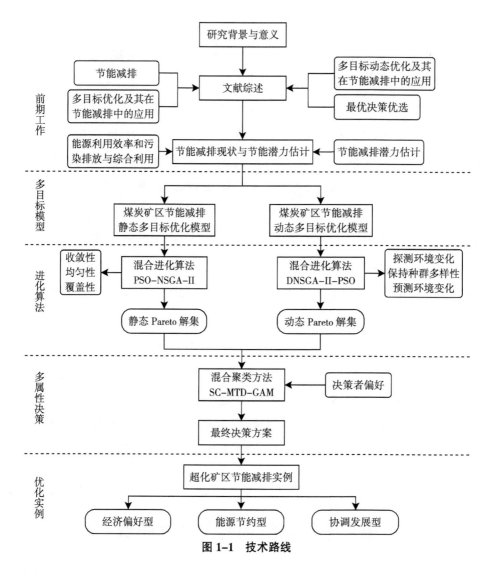

图 1-1　技术路线

内容如下：

（1）矿区节能减排潜力。在制定节能减排策略之前，需要首先掌握矿区目前的能源消耗结构、能源利用效率、污染物的回收和排放情况。针对"十一五"规划末的能源消耗和污染排放数据，确定投入产出指标体系，基于成本投入的 CCR–DEA 模型计算矿区的能源利用效率，评估节能减排的潜力。

（2）静态多目标优化模型。选择"十二五"整个规划期的煤炭产量、关键工序设备节能改造投资、治理或综合利用项目投资作为优化的决策变量，确定经济效益、能源效益、环境效益的表达方式，描述矿区煤炭资源储量、投资资金和工序关系等约束条件，建立煤炭矿区节能减排静态多目标优化模型。

（3）静态多目标模型求解算法。与单目标优化问题不同，多目标问题的优化不仅需要区分可行解和不可行解，而且还需要在多个目标之间辨别同类解的优劣。这些问题的解决依赖于约束条件的正确处理。由于多目标问题的最优解是由多个非支配解组成的 Pareto 解集，故在解空间内尽可能多地搜索到非支配解是得到高质量解的保证。结合 NSGA–Ⅱ 和 PSO，充分发挥 NSGA–Ⅱ 的全局搜索能力和 PSO 局部寻优的特性，并验证 PSO–NSGA–Ⅱ 算法的收敛性、覆盖性和均匀性。

（4）动态多目标优化模型。根据投资决策的时序性特点，以"十二五"规划期内的每一年作为优化对象，考虑节能减排的阶段性效果，将上一年的煤炭生产计划和投资决策作为下一年制定节能减排策略的依据，建立煤炭矿区节能减排动态多目标优化模型。

（5）动态多目标模型求解算法。动态多目标模型的优化目标和约束条件随时间推移呈现动态变化的特点，决策环境不断发生改变，这就要求算法除了在固定的进化环境内尽可能多地搜索到 Pareto 解，还要能探测到进化环境的任何微小的变化，并对环境变化做出正确的响应，确定新环境的进化参数。基于这些考虑，设计混合进化算法 DNSGA–Ⅱ–PSO 求解动态多目标模型，对算法探测环境变化、保持种群多样性、预测环境变化三个性能进行分析。

（6）满意解的筛选。快速有效地进行决策是建立在少数有限的候选方案基础之上的，所建立的多目标优化模型最终求得的是一组非劣的 Pareto 解集，候选方案的选取还需要对 Pareto 解集进行进一步筛选，这需要借助于多属性决策的方法。故运用混合聚类方法 SC–MTD–GAM，在保证 Pareto 前端分布特性的基础上，尽量减少 Pareto 解集的大小，考虑决策者的偏好，选择有代表性的 Pareto 解作为候选方案。

第三节　创新点

本书的创新点主要体现在以下三个方面：

（1）建立了煤炭矿区节能减排多目标优化模型。同时以规划期内原煤产量最大、能源消耗和污染排放最少作为优化的三个目标，考虑资源、工序、资金和环保等多个约束，分别从静态和动态两个决策视角建立多目标优化模型，该模型较好地描述了中国现阶段典型煤矿节能减排投资的决策需要：在规划期内，为了达到既定的节能减排目标，矿区选择哪些节能设备和综合治理利用项目进行投资？何时进行节能减排投资？每个项目投资多少资金？

（2）提出混合进化算法 PSO-NSGA-Ⅱ 和 DNSGA-Ⅱ-PSO。针对建立的多目标优化模型的决策变量类型兼有 0-1 和实数的特点，本书提出一种混合 PSO 实数编码和 NSGA-Ⅱ 二进制编码的求解算法 PSO-NSGA-Ⅱ；基于动态决策阶段性的特点，利用 DNSGA-Ⅱ 全局搜索性能引导解的进化方向，并通过 PSO 局部寻优的优点加速算法的收敛，提出 DNSGA-Ⅱ-PSO。这两个混合进化算法有效地继承了 NSGA 和 PSO 两者的优点，能在解空间内尽可能大的范围内搜索到更多的非支配解，同时不断趋近真实的 Pareto 前端。

（3）提出混合聚类方法 SC-MTD-GAM。针对多目标算法求得的 Pareto 解集，考虑管理者偏好，在保证 Pareto 前端分布形状的基础上，选择具有代表性的解点作为矿区节能减排的候选方案，最终得到经济偏好型、能源节约型、协调发展型三种决策方案，对矿区制定节能减排投资计划提供科学的参考依据。

第二章　国内外研究综述

第一节　节能减排

20 世纪 60 年代末之前，自新古典经济学家马歇尔提出"外部效应"的概念以来，经济学家一致同意环境污染具有负的外部性，由此开始讨论环境的治理问题。20 世纪 70 年代至今，自京都会议以来，工业化国家将减少能源的消费列入环境政策当中。美国和日本等国率先将节能作为能源发展的战略。1972 年，丹尼斯·米都斯提交给罗马俱乐部的研究报告——《增长的极限》，其对经济增长极限的悲观性论调，引起了经济学家重新思索人类社会经济发展的新方案。从以前研究单一经济活动领域扩展到生态学、物理学、化学等其他学科，从不同学科间交叉融合的角度来研究能源消耗与人类经济社会发展之间的关系。

国内外关于节能减排的研究主要集中在节能减排政策、节能减排与能源利用效果评价、节能减排技术和节能减排机制四个方面。

1. 节能减排政策

庞军总结得出国内外促进节能减排的政策主要包括市场手段和行政手段两大类。市场手段主要通过价格调控手段，如征收能源税或环境税等方式，促进企业节约能源，降低排放。行政手段则通常以颁布各类行政规章和标准的形式实现政府对能源利用和经济发展模式的引导[9]。

本书分别归纳了美国、英国和德国三个典型发达国家的相关节能减排政策措施。

（1）美国。美国是世界第一经济强国，同时也是能源消耗和温室气体排放大国，其能源消耗占世界能源消耗总量的 23%，CO_2 排放量约占世界排放总量的 1/4。美国政府的节能减排政策不仅直接影响美国国内的节能减排行为，同时也对全球的节能减排合作造成重大影响。表 2-1 给出了美国各届政府制定并实施的相关节能减排政策[10,11]。

表 2-1 美国节能减排政策

	政策措施	具体内容
布什政府	1992 年，《国家能源政策法》	促进节约能源，提升能源使用效率，促进可再生能源使用及国际能源合作等
克林顿政府	1993 年，《气候变化行动方案》	表示美国 2000 年的排放量将减少 1.09 亿吨碳，回归到 1990 年的水平
	1997 年，调整《气候变化行动方案》	将温室气体减排目标由 1993 年的 1.09 亿吨碳下调至 0.769 亿吨碳
	1999 年，颁布"提高能效管理、建设绿色政府"的政府令	要求行政部门必须在 2010 年比 1990 年减排 30%
小布什政府	2002 年，宣布《全球气候变迁行动》	设定减排目标为在 2012 年美国温室气体排放密度（单位 GDP 温室气体排放量）较 2002 年减小 18%，由每百万美元 183 吨排放量水平降至每百万元 151 吨排放水平
	推出自愿性和鼓励性计划，提高各行业的能源效率	《气候愿景伙伴计划》、《气候领袖计划》、《温室气体资源报告计划》
	重视科学研究和技术开发	提出《气候变化技术项目》和《气候变化科学项目》等
奥巴马政府	构建联邦总量—贸易新体系	支持总量与贸易体系实现减排，2020 年的排放量将下降到 1990 年的水平，2050 年排放量将减少 80%
	投资绿色能源领域	计划 10 年内投资 1500 亿美元的开发使用清洁能源
	提高建筑物能效和汽车能效	10 年内，新建筑物能效提高 50%，已有建筑物能效提高 25%；汽车消费税激励政策

资料来源：根据文献资料整理。

纵观美国各届政府颁布的节能减排政策可以发现，克林顿政府注重温室气体的减排，各项温室气体减排政策都设定了明确的减排目标，但是在制定减排目标时低估了温室气体的排放情况，由于当时美国经济处于快速成长时期，温室气体的排放量飞速上升，使得减排效果并不明显。相比之下，小布什政府在承担温室气体减排的责任上不是很积极，他设定的减排目标并非是减少 CO_2 的排放总量，而是减少单位产出 CO_2 的排放密度。由此可见，他主要遵循不损伤经济发展的原则来制定减排目标。但是他比较重视提高能源效率的科学研究和技术开发。奥巴马政府推行的节能减排政策相比以往的政策都更为积极，他支持总量与贸易体系，排放配额将全部拍卖，政府将拍卖所获得的利润全部用于清洁能源的开发和提高能效以帮助家庭缩减能源开支。同时，他积极投资绿色能源领域，提高建筑物能效和汽车能效。总体而言，美国的节能减排政策在法律法规和具体措施的制定方面都较为完善，值得借鉴和学习。

（2）英国。英国是西方发达国家，其人口只占世界人口的1%，而资源的消耗和碳的排放量所占比例却超过2%。19世纪中期以后，英国的工业化进程不断加快，经济飞速发展，同时，工业革命所带来的生态和环境破坏也是前所未有的。从19世纪晚期起，英国政府就陆续推行了一些包括环境卫生、食品标准、资源和能源的利用节约等方面的社会的立法。20世纪后期，随着英国城市化水平的提高和人们经济收入的增长，人们对生活质量提出了更高的要求，环境污染和资源的匮乏引起了社会的广泛关注。英国政府先后采取了一系列节能减排的举措[12]，如表2-2所示。

表 2-2　英国节能减排政策

方案	措施	具体内容
健全法律法规制度	制定专项法律防治污染	从源头上限制矿产资源企业污染排放：40多部关于规划的法律法规；强制要求企业控制大气污染：《工业发展环境法》、《空气洁净法》、《烟气排放法》和《环境保护条例》等；严格限制企业取水排污：《水资源法》和《水工业法》等

方　案	措　施	具体内容
健全法律法规制度	出台国家节能计划和《家庭节能法》	1995 年，颁布实施《家庭节能法》；2006 年，再次出台建筑节能新标准，规定新建筑必须安装节能节水设施，使其能耗降低 40%
	实施《气候变化法案》	设定二氧化碳减排目标：到 2020 年，英国境内二氧化碳排放量在 1990 年的基础上必须削减 26%~32%；到 2050 年，二氧化碳排放量必须削减至少 60%
强化对企业的约束和激励	对第二产业严格限制	限制矿产资源开采企业生产；约束高能耗、高污染生产型企业
	帮助企业节能减排	征收气候变化税；设立碳基金和减排基金；建立"碳信贷"的排放交易制度
	对第三产业节能减排的鼓励	大型商业机构对节能减排的促销宣传和自发节能减排行动；减少一次性塑料袋的使用；鼓励企业开发利用新能源和产品促进节能
狠抓建筑节能和新能源开发	建筑节能	规定 2008 年中央政府机关建筑物能耗要在 1990 年的基础上降低 20%，卫生保健部门 2010 年能耗要在 2000 年的基础上降低 15%
	重视利用可再生能源	2007 年，公布《英国能源白皮书》，为英国可再生能源的开发设定了具体目标：在 2020 年，将煤炭在英国能源总量中的比重由 35% 降低到 20%，核能比重由 19% 下降到 5%，可再生能源的比重将由目前的 6% 扩大到 35%，远远超出欧盟对各成员国的基本要求

资料来源：根据文献资料整理。

英国的节能减排措施取得了良好的效果，对我国的节能减排主要有以下几个方面的启示：①综合利用价格、财税、信贷等经济手段，建立促进节能减排的激励约束机制和政策体系。②合理制定不同阶段节能减排指标，严格控制能耗和污染排放增量。③促进产业结构调整，构建节能降耗型产业结构。④大力发展循环经济，支持可再生能源的开发和利用。

（3）德国。在欧洲，德国的节能减排政策法规是最健全的国家之一，德国政府非常重视节约能源和环境保护，设定了比《京都议定书》及欧盟要求的指标更高的节能减排目标：到 2020 年能源利用率在 2006 年的基础上提高 20%，二氧化碳的排放量降低 30%，可再生能源占全部能源使用的比例占 25%。为了实现这一目标，德国政府颁布并实施了一系列有效的政策法规[13,14]，如表 2-3 所示。

表 2-3　德国节能减排政策

时间	政策法规及具体内容
1972 年	颁布了《废弃物处理法》,该法确立了无害化和污染者付费原则,1986 年对其进行了修订,更名为《废弃物限制及废弃物处理法》,确立了预防为主和垃圾处理后重复使用原则
1976 年	首次颁布《建筑物节能法》,并制定了《包装条例》,要求商品包装要回收和循环使用
1991 年	颁布了《可再生能源发电向电网供电法》
1992 年	成立"法国环境与能源控制署",负责管理法国的节能及污染控制工作
1996 年	在节能减排法规建设方面,颁布《空气和能源合理利用法》和《循环经济与废弃物管理法》
1999 年	颁布了《引入生态税改革法》,通过对石油、天然气和电加征生态税,以税收手段来调节能源价格,促进节能减排
2000 年	颁布了《可再生能源优先法》,该法规被视为当时最进步的可再生能源立法,并在 2004 年对生物质能、沼气、地热等新能源的支付条件进行了修改,提出了在 2020 年可再生能源发电量占总发电量的 20%
2002 年	颁布了《节能能源法案》,规定了新建筑的能耗标准
2005 年	颁布了《能源节约条例》和电器设备法案
2006 年	把《环境法》纳入本国宪法,在法律和政治上对节能减排赋予了重要的意义;同时,在政府财政补贴、生态税收、贷款政策等方面鼓励企业开展节能减排工作
2008 年	实施生态税收政策,在工业领域,对企业在节能设备、节能技术方面的投入进行税收减免;在交通领域,对低排放的汽车给予一次性的奖励;在建筑领域,对高于国家建筑节能标准的建筑免征地皮税

资料来源:根据文献资料整理。

德国的能源与环境立法体系比较完善,并且适时地修改能源环境法规,注重立法的可操作性,而且还具有较强的针对性,紧扣节能减排目标。这些都是值得我国借鉴和学习的。

1973 年,在斯德哥尔摩会议之后,我国在联合国两次人类环境会议的推动下,成立了国务院环境领导小组及其办公室,并在全国推动工业"三废"(废水、废气、废渣)的治理。改革开放 30 多年来,我国的节能减排工作实现了三次升华:20 世纪 80 年代的"能源开发与节约并重,近期把节约放在优先地位"节能减排工作的确立;20 世纪 90 年代的"开发与节约并举,把节约放在首位",强调节能减排的重要性和长期性;进入 21 世纪,节能减排在更大的时空范围内展开,节能减排被确立为基本国策,节能减排工作成为全社会参与的国事、大事。表 2-4 列举了我国一些主要的节能减排政策及其具体内容[14,15]。

表 2-4　中国节能减排政策

时间	政策法规	具体内容
1979 年	《中华人民共和国环境保护法》	第一部综合性的环境保护基本法,明确规定了中国在环境保护方面的基本方针、任务和政策
1986 年	《节约能源管理暂行条例》	实行产品能耗定额管理,将节能目标与计划分配物资结合起来
1989 年	《中华人民共和国水污染防治法实施细则》	向水体排放污染物的企事业单位必须提交《排污申报登记表》,经核实通过后,为其发放排污许可证
1991 年	《中华人民共和国大气污染防治法实施细则》	要求各级政府的经济建设部门把大气污染防治工作纳入部门的生产建设计划,并组织实施
1998 年	《中华人民共和国节约能源法》	规范我国节能工作,推进全社会节约能源,提高能源利用效率和经济效益,标志着我国的节能工作上升到法律高度
2002 年	《中华人民共和国清洁生产促进法》	使用清洁的能源和原材料,采用先进的工艺技术与设备等措施,从源头削减污染,提高资源利用率,减少或避免在生产、服务和产品使用过程中污染物的产生和排放
2005 年	《中华人民共和国可再生能源法》	制定可再生能源开发利用总量目标和采取相应措施,推动可再生能源市场的建立和发展
2007 年	《能源发展"十一五"规划》	明确能源发展目标、开发布局、改革方向和节能环保重点
	《煤炭工业节能减排工作意见》	提出了煤炭企业节能减排的发展目标:到"十一五"末,煤炭企业单位生产总值能耗比 2005 年下降 20%,二氧化硫排放量控制在规定范围内。煤炭工业原煤入洗率由 2005 年的 32%提高到 50%,煤矸石、煤泥等固体废弃物综合利用率由 2005 年的 43%提高到 70%,矿井水利用率由 2005 年的 44%提高到 70%,矿井瓦斯抽采利用率达到 60%
2008 年	《国家酸雨和二氧化硫污染防治"十一五"规划》	确保到 2010 年全国二氧化硫排放总量比 2005 年减少 10%,有效控制酸雨污染,降低城市空气二氧化硫浓度
2009 年	《关于开展节能与新能源汽车示范推广试点工作的通知》	调整汽车产业发展结构,发展新能源汽车,节约能源
2012 年	《节能减排"十二五"规划》	制定"十二五"节能减排约束性指标:到 2015 年节能减排的总体目标和重点能耗领域的具体节能指标和减排目标,明确节能减排的主要任务、重点工程、保障措施和规划措施
	《煤炭工业发展"十二五"规划》	提出煤炭工业发展的节能减排目标:煤炭产量控制在 39 亿吨左右,原煤入选率达到 65%以上,煤矸石综合利用率达到 75%以上,矿井水利用率达到 75%,土地复垦率超过 60%,污染物达标排放
2013 年	《能源发展"十二五"规划》	明确能源发展主要目标、重点任务和相应的政策保障措施

资料来源:根据文献资料整理。

2. 节能减排与能源利用效果评价

节能减排与能源利用效果评价主要集中于节能减排评价指标体系的构建和节能减排效果的评价两方面。

第一,从定性的层面上,将涉及生产的各个方面作为一个系统来考虑节能减排的评价问题。与产品相关的投入产出作为节能减排的直接影响因素，服务与产品生产的管理部门等其他因素作为节能减排的间接影响因素。节能减排效果评价指标体系呈现层次性，涉及生产的方方面面。李亮和吴瑞明[16] 提出将节能和减排并入一个系统，构建了包含 COD、SO_2 和单位 GDP 能耗三个子系统的节能减排系统，并给出了整个系统的综合效用模型和综合评价考核办法。王丽萍和史玉凤[17] 结合结果指标与过程指标，建立了我国能源消耗高、节能潜力大的工业领域的指标体系。刘元明等[18] 将节能降耗、污染物减排、生态保护、综合指标、人员管理、技术推广和创新研究应用这些指标作为准则层，原煤生产水耗和二氧化硫排放量、塌陷土地复垦率等 64 个指标作为指标层，构建了煤炭企业节能减排模糊评价模型。

第二，在节能减排效果评价指标体系的基础上，根据具体企业的实际情况，利用统计学和数学的方法对其节能减排效果进行了测度。由于企业生产过程中的能源使用和污染物的排放这些数据难以获取，这些研究对企业节能减排的效果评价局限于比较宏观的层面上，没有从具体的生产过程中探索节能减排潜力。例如，郭莉[19] 选取资源利用水平、环境效果、主要污染物排放下降率和技能减排效果 4 个潜变量 13 个显变量，通过构造结构方程的方法对某煤化工企业的节能减排效果进行了评价。安金朝[20] 为了定量考核企业对节能减排的执行能力，从保证能力、控制能力、成本状况、研发支撑能力和应急响应能力 5 个方面建立了企业节能减排执行能力评价标准，通过隶属函数确定权重，对企业的节能减排执行力进行了模糊系统评价。王震等[21] 认为，目前对煤炭工业节能减排的研究主要集中在节能减排效果评价指标体系的建立和静态评价上，这些工作在实际应用中还远远不够，于是提出将二次相对效益应用于构建动态评价模型，实例测算结果证明此模型能排除待测单元客观因素差异对评价结果的影响，同时也能体现待测单元的有效努力程度。李红和李喜云[22] 构建包含经济发展、社会发展、能源消耗和环境影响 4 个方面的指标体系，采用指标序优势的多属性评价方法对 18 个煤炭资源型城市的节能减排效果进行评价。王世进[23] 借鉴平衡计分卡的观点，从企业战略分解的角度建立了三级指标体系，对定量指标采用主成分分析法确定考核分数，对定性指标则采用主观专家评价法打分，最后两者按 4∶1 的比例加权得最终的考核分数，以煤炭上市企业为例进行了验证。

发达国家能源效率评价指标体系建立比较早，国际上有代表性的能源效率评价指标体系主要包括：英国能源行业指标体系、WEC 能源效率指标体系、EU 能源效率指标体系、IAEA 可持续发展能源指标体系等[24]。这些指标体系框架的构建和指标的设置对建立节能减排指标体系有重要的借鉴意义。各指标体系的评价目标、指标设置及主要特点如表 2-5 所示。

表 2-5　国际上四大能源效率评价指标体系

名　称	评价目标	评价指标	共　性	个　性
英国能源行业指标体系	检测四大能源发展目标的进展：低碳排放、可靠的能源供应、建立自由竞争的能源市场、消除家庭能源贫困	3 个层级：4 个主要指标、28 个支持指标、背景性指标（分为 12 个条目，每个条目下有若干指标）	定量指标与定性指标相结合，但以定量指标为主，可操作性强	系统性强，指标覆盖面广，包括能源生产、加工转换、消费等各个环节的指标，还包括经济、环境、社会等多个领域的指标
WEC 能源效率指标体系	进行能源效率与节能政策的国际比较和研究	单层分类：6 类 44 个指标（第 1 类为关键性指标、第 2~4 类为分部门指标、第 5 类为能源转换指标、第 6 类为其他能源技术与利用指标）		结构相对简单，可比性强，主要评价能源利用效率
EU 能源效率指标体系	检测欧洲 27 个国家及挪威和克罗地亚的能源效率状况、变化趋势，进行能源效率的国际比较	单层分部门：6 类宏观性质的能源效率指标（能源强度、单位能耗、能效指数、调整指数、扩散指标、目标指标）		有强大数据库的支撑，指标详尽、数据周全，可比性强，主要评价能源利用效率
IAEA 可持续发展能源指标体系	向政策制定者提供能源、经济、环境和社会方面的数据，表达这些数据的内在联系，进行对比、趋势分析、内部政策评价	单层：共 42 个指标，其中 23 个核心指标		包括能源生产、消费及环境影响多方面的指标体系，重点评价能源的可持续发展，但相对比较笼统

资料来源：根据文献资料整理。

3. 节能减排技术

关于节能减排技术的研究，主要是从生化燃料和生产工艺技术入手，提高能源利用效率，减少污染物的排放。

Yoon 等[25] 分析得出，与传统的柴油燃料相比，使用生化柴油和乙醇的混合燃料，能减少废气的排放量；McIlveen-Wright 等[26] 从技术经济的角度，分析了通过生物质联合燃烧的方法以减少 CO_2 排放量的成本及技术可行性；Park 等[27] 对柴油机多重喷射方案下生物柴油燃烧产生的废气排放量进行了分析；Persson 等[28] 以美国东南部地区温室气体排放为研究对象，对不同来源的生物乙醇燃料燃烧后的 CO_2 的排放量进行了仿真分析；Liaquat 等[29] 分析了发展中国家在陆路运输中使用生物燃料温室气体的减排潜力；Klemes、Simpson 等[30,31] 分析了不同参数下的预燃烧室设计对减少废气排放的影响；Liang 等[32] 介绍了离子功能性材料在节能减排中的应用；Chen 等[33] 通过实验数据，与重油燃料和乳化油相比较，验证了使用油质废水乳化燃料减少能源消耗和废气排放的有效性。

Klemes 等[30] 对化学材料联合工艺进行建模和优化，实现节约能源和减少污染的目的；Biruduganti 等[34] 研究了对燃气发动机使用空气分离膜以减少 NO_x 排放的技术；Suwala[35] 通过电热生成系统自底向上模型，对波兰煤热发电系统的 CO_2 减排，从技术和政策两个方面进行了分析；Utaki[36] 研究了减少温室气体排放的煤矿沼气集中技术；Ninomiya 等[37] 分析了在煤粉燃烧过程中，投放添加剂对减少 PM2.5 排放的影响；Chiriac 等[38] 通过对热发动机的仿真，揭示出回收利用排放气体中所带的能量，能减少柴油机耗油量和污染气体排放；Endo 等[39] 通过应用分布式加热冷却系统，能源消耗量可减少到 37%，CO_2 排放量可下降到 26%；Matsuda 等[40] 研究了在汽油液态脱硫过程中使用自热回收技术。Tomas-Alonso[41-43] 研究了燃煤发电厂回收 SO_2 的可再生湿磨法、可再生干式法、整体煤气化联合循环（IGCC）方法。徐通[44] 认为，煤炭行业的节能减排技术包括生产和利用两个领域的技术开发与应用，主张从煤炭生产的源头至煤炭产品的终端消费这个完整的环节来看待节能减排工作。张绍强[45]指出对不同成分的煤矸石，需要根据发热量和物化性能对其进行综合利用，而且还强调在利用煤矸石发电的过程中，必须严格控制二次污染。

4. 节能减排机制

如何从整体上把握节能减排政策的实施以及实施的预期效果，更多的学者是运用数量技术经济方法和博弈论思想，建立定量化模型，从能源、经济、环境三者之间的关系入手，分析当前能源使用对排放的影响，模拟各种节能减排政策的实施效应，找出这些政策实施的影响因素等。Lu[46]等选用陕西 2002 年的投入产出表数据，运用 CGE 分析了能源投资对经济增长和 CO_2 排放的影响；Chen[47]等通过对比分析和定量分析，探讨了中国节能减排的财税政策；刘喜丽[48]利用在 1994 年分税制改革后 1995~2007 年主要节能减排税种收入占总税收收入的比例及单位 GDP 能耗数据，构建多元线性回归模型，对我国现行促进节能减排的税收政策的效力进行了实证分析；Feng[49]等运用灰色关联分析法，分析了中国经济、能源消费和 CO_2 排放的内在联系，指出相对经济增长而言，能源消费对 CO_2 排放量的增加产生更加显著的影响，尤其是近十年电力的消耗，导致了 CO_2 排放量的快速增加，这些 CO_2 主要来源于工业、运输业、建筑业。许祥左[50]针对"十二五"节能减排的目标，认为徐州矿物集团应该从结构节能减排、技术（工程）节能减排、管理节能减排等方面分析节能减排的潜力。黄飞等[51]为了协调煤炭矿区经济发展、能源消耗与污染排放三者之间的矛盾，通过分析煤炭生产各环节的能源消耗和污染物排放，建立系统动力学模型研究煤炭矿区节能减排系统的结构和反馈机制，模拟矿区不同的发展方案。崔秀敏[52]通过建立政府与企业之间的委托—代理模型来研究节能减排激励机制。王维国和王霄凌[53]基于演化博弈理论框架，建立了低碳政策约束下的高能耗企业减排行为的演化博弈模型，研究政府激励性和惩罚性低碳政策对高能耗企业减排行为的影响，认为最终的低碳政策模式取决于历史减排模式、减排技术和相应政策措施的成本等因素。代应等[54]在博弈双方有限理性的假设前提下，建立了环境监测部门和企业双方在不同节能减排技术改造策略下的成本和收益模型，运用进化博弈理论分析得出，企业的节能减排技术改造成本和改造后带来的收益、环境部门的监管以及政府对其相应的奖励和惩罚三个因素影响着企业技术改造策略的选择。

第二节　节能减排多目标优化

一、多目标优化

与单目标优化相比，多目标优化的复杂程度大大提高了，它需要同时优化多个目标。这些目标往往是不可比较的，甚至是相互冲突的，一个目标的改善有可能引起另一个目标性能的降低。与单目标优化问题的本质区别在于，多目标优化问题的解不是唯一的，而是存在一个最优解集合。

多目标优化问题起源于许多实际复杂系统的设计、建模和规划问题，这些系统所在的领域包括工业制造、城市运输、资本预算、能量分配和城市布局等，几乎每个重要的现实生活中的决策问题都存在多目标优化问题[55]。

多目标优化问题的最早出现应追溯到 1772 年，当时 Franklin 提出了多目标矛盾如何协调的问题[56]。但国际上一般认为多目标优化问题最早是由法国经济学家 Pareto 在 1986 年提出的[57]。1944 年，Von Neumann 和 Morgenstern 又从博弈论的角度，提出了多个决策者彼此间相互矛盾的多目标决策问题[58]。1951 年，Koopmans 从生产与分配的活动分析中提出多目标优化问题，且第一次提出了 Pateto-最优解的概念[59]。同年，Kuhn 和 Tucker 从数学规划的角度，给出了向量极值问题的 Pateto-最优解的概念，并研究了这种解的充分与必要条件[60]。1953 年，Arron 等对凸集提出了有效点的概念，从此多目标优化问题逐渐受到人们的关注。1968 年，Johnsen 系统地提出了关于多目标决策模型的研究报告，这是多目标优化这门学科开始大发展的一个转折点。

多目标优化问题从 Pateto 正式提出到 Johnsen 的系统总结，先后经过了六七十年的时间。但是，多目标优化问题真正步入兴旺发达时期，并且正式作为一个数学分支进行系统的研究，则是在 20 世纪 70 年代主要的进化方法，如遗传算法、进化规划和进化策略相继被提出来之后。具有代表性的有 1975 年 Zeleny 出版的一本关于多目标最优化问题的论文集。直到 20 世纪 80 年代中期，开始使用人工智能的进化算法求解多目标优化问题。

1. 约束处理机制

多目标优化问题（MOP）又称为多标准优化问题、多性能优化问题或者多矢量优化问题。不失一般性，一个具有 n 个决策变量、m 个目标函数的多目标优化问题[61] 可表述为

$$\min \quad y = F(f_1(x), f_2(x), \cdots, f_m(x)) \tag{2-1}$$

$$\text{s.t.:} \quad g_i(x) \leqslant 0, \quad i = 1, 2, \cdots, q$$

$$h_j(x) = 0, \quad j = 1, 2, \cdots, p$$

$$x = (x_1, x_2, \cdots, x_n) \in X \subset R^n$$

$$y = (y_1, y_2, \cdots, y_n) \in Y \subset R^m$$

式中，$x = (x_1, x_2, \cdots, x_n) \in X \subset R^n$ 称为决策变量，X 是 n 维的决策空间；$y = (y_1, y_2, \cdots, y_n) \in Y \subset R^m$ 称为目标函数，Y 是 m 维的目标空间；目标函数 F 定义了映射函数和同时需要优化的 m 个目标；$g_i(x) \leqslant 0 (i = 1, 2, \cdots, q)$ 定义了 q 个不等式约束；$h_j(x) = 0 (j = 1, 2, \cdots, p)$ 定义了 p 个等式约束。

对于给定的两点 x，$x^* \in X_f$（X_f 是可行解集合），x^* 是 Pareto-占优（非支配）的，当且仅当式（2-2）成立，记为 $x^* > x$。

$(\forall i \in \{1, 2, \cdots, m\}: f_i(x^*) \leq f_i(x)) \wedge (\forall k \in \{1, 2, \cdots, m\}:$
$f_k(x^*) \leq f_k(x))$ (2-2)

在模型（2-1）中，我们可以看到，约束条件有不等式约束和等式约束。为了便于处理，一般将等式约束转化为不等式约束[62]。

$$|h_j(x)| - \delta \leq 0 \qquad (2-3)$$

式中，δ 为等式约束的容忍度值，一般取较小的正数。经过这样的变换之后，模型（2-1）就包含 p 个不等式约束。

这样，解 x 对第 j 个约束条件的违反度可表示为

$$G_j(x) = \begin{cases} \max\{0, g_j(x)\}, & 1 \leq j \leq q \\ \max\{0, |h_j(x)| - \delta\}, & q+1 \leq j \leq p \end{cases} \qquad (2-4)$$

解 x 对所有约束条件的违反度为

$$G(x) = \sum_{j=1}^{p} G_j(x) \qquad (2-5)$$

在单目标优化问题中，个体之间的比较是通过适应度函数来判定的。而在多目标约束优化问题中，不仅存在多个目标，而且存在可行解与不可行解，如何评价解的优劣就是进化算法个体选择过程中需要首先解决的一个非常关键的问题。

近年来提出的处理约束的方法[63,64]可以粗略地分为：拒绝方法、修补方法和惩罚函数法等。其中，惩罚函数法是处理约束条件最常用的方法，其本质是容许群体中的个体在一定程度上违反约束条件，个体违反约束条件的程度由惩罚函数来确定，但必须对该个体依其约束违反条件的程度进行惩罚以减小它被选择的概率。惩罚函数法虽然简单易行，但在实际操作时，罚因子的选择相当困难。若罚因子太小，则算法找到的最优解远离真正的最优解，因此很难产生可行解；若罚因子太大，则会引发计算的困难，并且容易产生早熟收敛。

在进化多目标优化中，最常用的约束处理机制和方法可分为以下三类[65]。

（1）采用 Pareto 优胜关系作为选择准则。

（2）采用 Pareto 排序分级的方法分配适应度值，使得可行区域内的非劣个体具有较高的适应度值。

对群体中的所有个体进行 Pareto 排序过程如下：①设置初始序号，r←1。②确定群体中的 Pareto 最优个体，定义这些个体的序号 r。③从群体中去掉 Pareto，并更改序号 r←r + 1。④转到②，直到处理完群体中的所有个体。

（3）将群体划分成若干个子群体，使每个群体的性能评估与目标函数和约束条件对应起来。这是一种非 Pareto 方法，它先将群体中全部个体按子目标函数的数目均等分成若干子群体，对各子群体分配一个子目标函数，各子目标函数在其相应子群体中独立进行选择操作后，再组成一个新的子群体；然后将所有新生成的子群体合并为一个完整的群体，再进行交叉和变异操作，如此循环执行"分割—并列选择—合并"过程，最终求出问题的非劣解。

在无约束的多目标中，可以直接使用上述的三种方法来处理约束。而在有约束的多目标问题中，存在可行解和不可行解，如果直接用上述给出的三种约束处理方法，势必会有很多重复的操作。在这种情况下，Deb 等在 2002 年修订了支配定义，对可行解和不可行解进行了区分，新的选择机制如下[66]。

（1）如果 x 是可行解，y 是不可行解，则 x＞y。

（2）如果 x 和 y 都是可行解，则按照 Pareto 优胜关系进行选择。

（3）如果 x 和 y 都是不可行解，x 约束违反度较小，则认为 x＞y。

这样可行解与可行解之间、可行解与不可行解之间以及不可行解与不可行解之间，都有了清晰的判定准则。

为了在搜索空间的可行区域尽可能均匀地搜索出全局最优解，需要在可行解和不可行解之间维持一种平衡，使得进化群体具有较好的多样性。否则搜索过程可能仅局限于可行区域的某块地区，导致进化结果为局部最优解。

2. 求解算法

目前，求解多目标优化的方法主要有以下几种方法：古典的多目标优化方法、基于进化算法的多目标优化方法、基于粒子群的多目标优化方法、基于人工免疫系统的多目标优化方法、基于分布估计的多目标优化方法、基于协同进化的多目标优化方法和基于分解的多目标优化算法等。

（1）古典的多目标优化方法。传统的多目标优化方法是通过一系列正系数将多目标问题的各个子目标聚合成一个单目标函数，系统由决策者或者优化方法自适应调整。常见的古典方法有线性加权法、约束法、目标规划法、极大极小法等[67]。

这些古典的优化方法的优点是它们继承了求解 SOP 问题的一些成熟理论和方法，容易理解，便于计算。缺点是问题背景相关的先验知识（如加权和法中的权重和约束法中的容许值）难以确定；其次是加权和法对 Pareto 前端的形状很敏感，不能很好地处理其前端的凹部；而且获得多个 Pareto-最优解往往需要多次独立运行优化过程，每次过程之间的信息无法共享，往往得到的结果不一致，导致决策者难以决策。

（2）基于进化算法的多目标优化方法。进化算法（Evolutionary Algorithm，EA）是一种模拟自然进化过程的随机方法。它的出现为多目标优化问题的求解开辟了一条新的途径，原因在于它是基于种群的搜索方式，有利于搜索的多向性和全局性，此外，它不需要许多数学上的必备条件就可以处理所有类型的目标函数和约束。1967 年，Rosenberg[68] 建议采用基于进化的搜索技术来处理多目标优化问题。在 Holland[69] 于 1975 年提出遗传算法之后的十年，Schaffer[70] 提出了适量评价遗传算法，第一次实现了遗传算法与多目标优化问题的结合。1989 年，Goldberg 在其著作 "Genetic Algorithms for Search, Optimization, and Machine Learning"[71] 中，提出了将经济学中的 Pareto 理论与进化算法结合起来求解多目标优化问题的新思路，对于后续进

化多目标优化算法的研究具有重要的指导意义。随后，进化多目标优
化算法引起了很多学者的广泛关注，并且涌现了大量的研究成果。下
面总结了进化多目标优化的一些主要算法。

第一，第一代进化多目标优化算法。这一代进化算法起源于
Schaffer[70] 在 1985 年提出的矢量评价遗传算法（Vector-Evaluated
Genetic Algorithms，VEGA），该算法提出了非支配排序的选择策略和
小生境技术的适应度函数共享机制。20 世纪 90 年代以后，基于此思
想的多种进化多目标算法被各国学者提出，主要有 Multiobjective Opti-
mization Genetic Algorithm（MOGA）[72]、Non-dominated Sorting Genetic
Algorithm（NSGA）[73] 和 Niched Pareto Genetic Algorithm（NPGA）[74]，
如表 2-6 所示。

表 2-6　第一代主要多目标进化算法及其特征

算法	进化算子	适应度赋值	共享和小生境方法
VEGA	交叉，变异，采用子群体	标准的适应度赋值	无
MOGA	两点置换交叉和变异 锦标赛选择，采用约束配对	采用 Fon-seca 的 Pareto 级别排序 进行线性插值	σ_{share} 适应度
NSGA	交叉，变异（$p_c = 1$，$p_m = 1/0.042$）	使用 Pareto 级别排序的伪适应度	σ_{share} 优胜
NPGA	交叉，变异（$p_c = 1$，$p_m = 1/0.042$），基于 Pareto 级别排序比较集的锦标赛选择	锦标赛（$t_{dom} = 5$）	σ_{share} 优胜

资料来源：根据文献资料整理。

所以，这一代进化算法的主要特点是采用非支配排序和基于小生
境技术的共享函数来解决多目标优化问题。非支配排序用来解决种群
中占优个体的选择，共享函数保证了种群个体的多样性。注重于进化
算法和多目标问题的结合。但是其最大的缺点就是过于依赖共享函数
的选择，小生境半径的选择和调整比较困难。

第二，第二代进化多目标优化算法。第一代算法已经很好地解决
了进化算法与多目标问题的融合问题。在第二代算法中，学者开始专
注于算法计算复杂度的简化和算法效率的提高。

1999 年，Zitzler 等提出了 SPEA[75]。在该算法中，精英保留机制
的出现掀起了第二代进化多目标算法的热潮。随后，许多学者采用

精英保留策略提出了很多算法及第一代算法的改进版本，如表 2-7 所示。

表 2-7　主要多目标进化算法及其特征

算法	进化算子	适应度赋值	共享和小生境方法
SPEA	交叉，变异，锦标赛选择，外部存档，Pareto 级别排序	基于优胜的适应度赋值（仅针对外部档案）	基于密度控制的小生境方法（用聚类技术来删减个体）
SPEA2	交叉，变异，锦标赛选择，外部存档（固定规模），Pareto 级别排序	基于优胜的适应度赋值（外部档案和当前群体）	
PAES（1+1）	变异，小生境选择，外部存档（固定规模），无交叉	基于优胜的适应度赋值	基于网格的拥挤算子（空间超格机制）
PAES（$\mu+\lambda$）			
PESA	交叉，变异，对存档进行锦标赛选择，外部档案（固定规模，使用基于优胜度的选择）	选择性适应度赋值	
PESA-Ⅱ	交叉，变异，针对存档采用锦标赛选择（隐性表现型拥挤算子），外部档案（固定规模）		
NSGA-Ⅱ	模拟二进制交叉（SBX），实参数变异、基于小生境的锦标赛选择	基于优胜和 Pareto 级别排序的适应度赋值	拥挤算子
NPGA2	交叉，变异（$p_c=1$，$p_m=1/0.042$），基于 Pareto 级别排序比较集的锦标赛选择	锦标赛（$t_{dom}=5$）	σ_{share} 优胜
MOMGA	"分割—拼接"（$p_{cut}=0.02$，$p_{splice}=1$），无变异，锦标赛选择，外部存档	锦标赛（$t_{dom}=3$）	
Micro-GA	两点交叉，一致变异，锦标赛选择，内存算子（类似于存档）	标准的适应度赋值	自适应网格
MMOSGA	交叉，通过优胜表进行隐形变异，锦标赛选择，外部存档	标准的适应度赋值	无
MOGLS	交叉，变异，采用临时最优个体保留群体	加权线性标量函数	无
M-PAES	交叉，变异，锦标赛选择，外部存档（全局和局部）	标准的适应度赋值	拥挤算子

资料来源：根据文献资料整理。

这一时期的经典算法主要是 NSGA-Ⅱ、SPEA2 和 PESA-Ⅱ。它们以精英保留策略为主要特征，不再通过小生境技术的共享函数作为种群多样性的手段，而是采用了新的策略，如基于拥挤距离的概念、基于聚类的技术、基于空间超格的机制等。

至今，这些经典的算法仍然被不断改进，以解决更复杂的多目标问题并保持较好的求解性能。2012 年，Deb 在 NSGA-Ⅱ 的基础上又进行了改进，提出了参照点的思想（MO-NSGA-Ⅱ），该思想强调了分布均匀的参照点附近可能存在一些非支配解，这有利于找到更好的近似 Pareto-前端，他将该算法用于求解带有三个目标至十个目标的多目标问题，得到了比基于分解的多目标优化算法 MOEA/D 在解决高维多目标问题上的优越性[76]。同年，Al-Hajri 和 Abido[77] 提出了改进版本的 SPEA2，主要是使用分层聚类技术和截断函数共同调整 Pareto-最优解的规模，然后利用模糊集理论在 Pareto-最优解中提取出最佳解，并应用于最佳电功流的非线性多目标优化，平衡实际功率和系统电压稳定性两个指标。

（3）新的进化机制。遗传算法作为一种进化算法，在多目标优化问题中已经得到了广泛的研究与应用。从 2003 年至今，有学者将粒子群算法、人工免疫系统和差分演化算法用来求解多目标优化问题。也有学者将统计学的思想、数学规划与古典的进化算法结合起来，提高传统多目标优化算法的优化性能。

第一，基于粒子群的多目标优化方法。粒子群优化 (Paricle Swarm Optimization，PSO) 是由 Kennedy 和 Eberhart[78] 于 1995 年率先提出的，源于对鸟群或鱼群捕食过程的模拟。与其他进化算法类似，它也是以随机初始化种群为初始迭代点，借助适应度来评价个体，根据对环境的适应度将种群中的个体移动到较好的区域。但其与进化算法不同的是，没有通过交叉和变异操作来产生新的群体，而是根据粒子自身和两个最优位置（粒子本身所经历的最优位置和整个粒子群体到目前为止所找到的最优位置）来更新粒子的移动速度和搜索方向。此算法不但具有记忆性，且具有通信能力、响应能力、协作能力和自学习能力，具有较强的局部搜索功能。流程简单，没有复杂的参数。这些功能和优点使其从单目标优化领域扩展到多目标优化领域，也因此受到学者的广泛关注和深入研究。

最初是将进化算法的优化思想融入粒子群算法中，提高算法的寻优性能。如 Ray 等[79] 将 Pareto-占优的概念及进化计算的思想引入粒子群算法中求解多目标优化问题，并用拥挤度来维持种群的多样性。

Li[80] 将 NSGA-Ⅱ 的优化机制引入粒子群算法，在某些情形下提高了 NSGA-Ⅱ 算法的性能。

为了避免粒子群算法陷入局部最优，在进化的过程中加入扰动算子、增加变异的机会、考虑拥挤距离等方法，保持种群的多样性。

Li 和 Zhang[81] 对微粒的局部最优位置使用"sigma"方法以改善粒子群算法的收敛速度，同时采用了"扰动"算子，直接作用于决策变量空间，保证种群的多样性。Deb[82] 在设计 PSO 优化多目标问题过程中，外部种群没有固定的大小，它和内部种群通过局部搜索算子相互作用，在微粒的速度上引入了一个扰动算子以保持多样性。Coello Coello 等[83] 提出了 MOPSO，该算法在外部种群中引入了自适应网格机制，对群体的粒子和粒子的取值范围同时实施变异，且变异的概率与种群进化的代数成反比。Wei 和 Wang[84] 提出了基于精英策略的模糊 PSO，在进化过程中，为了防止早熟，设计了一个扰动算子，基于这个扰动算子重新定义了模糊全局最优和粒子个体最优的概念，同时也引入了精英保留策略，保证了算法的收敛性。Niknam 等[85] 提出了一种改进的 PSO，算法使用混沌队列和自适应的概念来调整 PSO 中的参数，并且提出了一种新的变异操作，通过对 IEEE30 辆公汽测试系统中的含有传输成本、损失、排放和电压稳定性四个目标的优化问题进行测试，验证了算法的性能。

2005 年，Sierra 和 Coello Coello[86] 基于拥挤距离和 ε 占优机制，提出了新的粒子群多目标算法。2007 年，Abido[87] 提出了两阶段非占优多目标粒子群进化算法，在当前 Pareto 前端执行两阶段的局部搜索和全局搜索。同年，Korudu 等[88] 将模糊 ε 占优引入粒子群。在这些算法中，Coello Coello 提出的 MOPSO 算法是非常经典的算法。Pham 等[89] 提出了多引导者和交叉搜索的 PSO，该算法与一般的 MOPSO 不同的是，在寻优的过程中，选择多个引导者引导粒子逼近 Pareto-前端，而不只是对当前粒子进行变异操作，同时还对外部档案中的非支配解实施变异，除此之外，为了维持种群多样性，不仅在目标空间中考虑拥挤距离，还考虑变量空间的拥挤距离。Xue 等[90] 首次将多目标优化应用于特征提取中，构造了含有最大化分类性能和最小化特征数两个目标的多目标问题，并设计了两种基于 PSO 的多目标特征提取算法，一种是将非支配排序引入 PSO 中处理特征提取问题，另外一种是应用拥挤度、变异和占优的思想，帮助 PSO 搜索 Pareto-前端，通过测试函数证明该算法优于单目标特征提取方法和两阶段特征提取算法这两种传统的特征提取方法。

第二，基于人工免疫系统的多目标优化方法。人工免疫系统（Artificial Immune Systems，AIS）是模仿自然免疫系统功能的一种智能方法，它受生物免疫系统启发，是一种通过学习外界物质的自然防御机理的学习技术，提供噪声忍耐、无教师学习、自组织、记忆等进化学习机理，结合分类器、神经网络和机器推理等系统的一些优点，给多目标优化问题提供了新的解决方法。2002 年，Coello Coello 等[91] 提出的 Multi-objective Immune System Algorithm（MISA），最先将人工免疫系统应用于多目标优化，随后一些结合免疫系统和多目标问题的算法相继出现。

2003 年和 2005 年，结合生物学机理，对上述算法进行了改进[92]，具体指如表 2-8 所示。

表 2-8 人工免疫系统多目标优化算法

算法	进化算子	适应度赋值	多样性保持
MISA	外部档案（固定规模）；一致性变异（最好抗体）；非一致性变异（其余抗体）	基于优胜的适应度赋值	自适应网格法
MOIA	外部档案（固定比例）；超变异（非支配抗体的轻链）；白介素加上等级指数	基于优胜和 Pareto 级别排序的适应度赋值	无
MOCSA	整个群体克隆，克隆数量与等级指数成反比；固定方差的随机扰动变异；内部存储		小生境技术；随机产生一些抗体取代等级较低的抗体
VIS	固定标准差的随机扰动变异；锦标赛选择		自适应抑制阈值；随机产生一些抗体取代等级较低的抗体

续表

算法	进化算子	适应度赋值	多样性保持
IDCMA	对优势抗体克隆，重组，变异	基于优胜的适应度赋值	抗体—抗体亲和度
IFMOA	克隆选择	基于 Pareto 强度值的适应度赋值	克隆遗忘
CSADMO/ICMOA	整体克隆和选择（非支配抗体）	基于优胜的适应度赋值	拥挤算子
PAIA	自适应群体规模；根据亲和度选择抗体多倍克隆，其他一倍克隆；固定方差的随机扰动变异	基于优胜的适应度赋值	抑制操作
ACSAMO	动态调整权重分最好解；变异幅度反比于适应度值	抗体与抗原的欧氏距离总和	无
NNIA	非支配领域选择；根据拥挤度复制；重组；变异	非支配领域	拥挤度
AMOBNS	根据当前代获得的非支配解动态和自适应选择个体	基于优胜和 Pareto 级别排序的适应度赋值	拥挤距离

资料来源：根据文献资料整理。

第三，基于分布估计算法的多目标优化方法。分布估计算法（EDA）是进化计算领域新兴的一类随机优化算法，它将统计学习应用到进化算法的优化过程中。该算法首先运用统计学习的方法构建解空间的概率分布模型，然后对此模型实施进化优化。与传统的进化算法不同的是，它没有交叉和变异操作，是一种新的进化模式，在某些情形下表现出优于传统的进化算法的性能。

Khan[93] 等提出了多目标贝叶斯优化算法（mBOA），该算法将 NSGA-Ⅱ 中的选择机制和贝叶斯优化算法（BOA）相结合，提高了 NSGA-Ⅱ 的优化效果。Laumanns[94] 等则是将 SPEA2 和 BOA 结合起来，求解多目标背包问题。Zhang[95] 等提出了 RM-MEDA，认为连续多目标问题决策空间是分段连续的（m − 1）维流形分布（m 是目标的个数），首先通过局部主分量分析对决策空间中的解聚类，分析其分布特点，并对每个类构建主分量概率模型，产生初始解，然后采用 NSGA-Ⅱ 中的快速非支配排序和精英选择策略进行优化，该算法主要优势在于求解变量之间有关联的多目标优化问题上。

在连续多目标决策空间流行分布规则的基础上，Yang 等[96] 组合局部线性嵌入算法和免疫算法到分布估计多目标算法中提出一种混合多目标分布估计算法（HMEDA），基于局部线性嵌入算法的流行算法构建最好解的分布模型，并使用针对稀疏区域克隆免疫算法增强 EDA 的局部搜索能力，实验证明该算法具有较好的收敛性和多样性。Gao 等[97] 将 EDA 与 PSO 结合，应用于无线射频识别网络的设计问题，在求解的过程中，种群来源于两部分，一部分是概率分布模型抽样，另一部分是 PSO 生成，并通过一个平衡参数协调控制两者的比例，非支配排序和基于排序选择用于构建当前种群的非支配解，通过 ZDT1~ZDT4 标准测试函数证明该算法较 NSGA-Ⅱ、PESA-Ⅱ、MOPSO 等经典的算法有较好的收敛性和多样性。Wang 等[98] 设计出 Pareto 外部存档的分布式多目标算法（PAEDA）解决有时间和活动资源约束的项目进度安排问题，此算法提出了一个包含概率矩阵和概率向量的混合概率模型，用于预测最好的活动排列和资源能力；一个新的抽样和更新机制用于跟踪最好的解；此外，设置了两个外部档案，分别用于存储搜索到的非支配解和更新概率模型的解，通过计算近似 Pareto 解集的大小和覆盖范围两个性能矩阵，说明 PAEDA 求得的解优于 NSGA2。

第四，基于协同进化的多目标优化方法。协同进化算法是在协同进化论基础上提出来的一类新的进化算法，与进化算法的区别在于：它在进化算法的基础上，考虑了种群与环境之间、种群与种群之间在进化过程中的协调。对协同进化算法的研究起步比较晚，目前应用到多目标优化的成果还不是很多。

基于多目标优化的特性，利用协同进化算法进化机制，刘静[99] 提出了多目标协同进化算法，设计了一个交叉算子和三个协同进化算子用于保持种群的多样性和加快收敛速度。Tan 等[100] 提出一种新的用于求解多目标优化问题的分布式协同进化算法（DCCEA），该算法引入了分布式合作协同进化的思想，取得了较好的优化效果。2009 年，Goh 和 Tan[101] 提出一种竞争—协作协同进化方法，是一种新的进化模式——竞争与合作机制，用来解决动态多目标问题，其主要思想是允许最优化问题的分解过程去适应和产生，而不是去设计和混合

开始时的进化优化过程。尤其是每个物种种群将竞争去代表某一多目标问题的子代，而最终的优胜者将进行合作，以发展为更好的解决办法。通过这样一个反复的竞争与合作，使多样的父代被不同的子代优化，根据特殊时间段的优化需要，从而形成一种进化算法以解决静态和动态的多目标问题。Godoy 等[102] 使用协同进化多目标方法训练径向基神经网络，用于短期预测，整个过程有两个训练，首先训练径向基函数的权重，然后采用协同进化多目标算法确定每个径向基函数节点的参数，实际应用结果显示此算法和启发式算法得到的结果类似。Antonio 和 Coello Coello[103] 提出一个协同进化的框架，求解含有大规模决策变量的多目标问题，采用 ZDT 这样的测试函数，含有 200~5000 个决策变量的问题，计算结果优于两个经典的多目标进化算法第三代差分演化算法 GDE3 和 NSGA-Ⅱ 进行比较算法的性能。

第五，基于分解的多目标优化算法。不同于古典的多目标优化方法，基于分解的多目标优化算法（MOEA/D）运用数学规划中的分解方法将多目标问题分解为一定数量的单目标优化问题，然后通过进化算法的适应度分配和多样性保持策略，同时求解这些单目标问题。文献［104,105］的仿真实验结果表明，基于目标分解的多目标进化方法不失为一种有效的多目标求解方法，为进化多目标优化提供了一种新思路。

国内外学者在这方面做了大量尝试，将分解的思想与其他进化算法有机地结合起来，优势互补，充分发挥算法的局部搜索和全局寻优性能。Zhang 和 Li[105] 采用这种目标分解方法将多目标优化问题分解为一系列子问题，子问题之间的近邻关系通过子问题目标权重向量之间的距离来衡量，通过对每个子问题及其近邻子问题同时实施进化优化操作，求得逼近整个 Pareto 前沿面的近似解集。文献［104］又将差分演化操作成功地引入 MOEA/D。Mei 等[106] 结合实际应用，研究了多目标的限量弧路由问题（MO-CAPP），将问题分解算法和采用扩展领域搜索的模因演算法结合起来，提出了基于分解的领域搜索模因演算法

（D–MAENS），与 NSGA–Ⅱ 和 LMOGA 相比具有明显的优势。Li 等[107]将基于概率模型的子代复制算子融入 MOEA/D 中，提出了基于分解的分布估计多目标优化算法（MEDA/D），此算法的特点主要是在保持 MOEA/D 生成种群的情况下，使用概率模型抽样产生新解，用于求解背包问题，测试统计结果表明此方法在处理多目标的背包问题方面比使用遗传交叉、变异操作的 MOEA/D 有更好的性能。同时，Gao 等[108]也提出了一种 MEDA/D，该算法将多目标的 TSP 分解成一系列的子目标问题和一个概率模型，使用先验和学习到的信息构建每一个子问题的搜索模式，通过子问题及其相邻子问题之间的操作来同时优化所有的子问题，得到比蚁群算法较好的解集。Ke 等[109] 将蚁群算法和多目标进化算法结合起来，提出了基于分解的多目标蚁群算法，算法首先通过 MOEA/D 将多目标问题分解成几个单目标问题，每只蚂蚁负责求解一个子问题，所有的蚂蚁被分成几个小组，每只蚂蚁都有几个邻居蚂蚁，每个组赋予一个信息素矩阵，每只蚂蚁都有一个启发式信息矩阵，在搜索的过程中，每只蚂蚁记录自己所在子问题当前找到的最好解，并通过组合自己所在组的信息素矩阵、自身启发式信息矩阵和当前解来构造新的解，将新解与邻居比较，将较优的解作为当前解。Shim 等[110] 凭借 MOEA/D 不需要区分支配解和非支配解的优点，将分布估计算法 EDA 集成到 MOEA/D 中，充分利用爬山法、模拟退火和进化梯度搜索三种技术进行局部搜索，求解多目标的 TSP，从不同目标的个数、旅行商的人数和问题的规模三个方面分析了这种混合算法的性能，优于 NSGA–Ⅱ 和 MOEA/D 等现有的算法。

3. 算法性能评价

（1）测试问题。由于多目标进化算法很难从理论上分析其优化性能，研究者只能通过多次仿真实验来验证算法的性能[111]。因此，设计有效的多目标优化测试问题非常重要。目前，被广泛采用的测试问题主要是 Zitzler、Deb 等构造的著名的 ZDT 问题[112] 和 DTLZ 问题[113]。ZDT 问题主要用于测试两个目标的优化问题，具有 6 个不同的性质。

DTLZ 问题具有很好的扩展到性能，能够扩展到任意多个目标，甚至高维多目标优化问题。这些测试问题的 Pareto 最优解集合和最优 Pareto 前端已知，可以从 http：//www.cs.cinvestav.mx/~emoobook/下载。

（2）性能度量。算法性能的度量包括对算法所求近似解质量的度量和对所花费的计算资源的度量两个方面。对后者，一般通过预设适应度函数的最大评价次数或运行时间来度量，在这一点上，多目标优化与单目标优化无任何差别。而对前者，单目标与多目标优化有着很大的差别，单目标优化可通过所求解的函数值大小判断解的质量，而多目标优化问题的解是一个 Pareto 解集，很难恰当地定义解质量的好坏。

Deb [114] 认为现有的度量方法可以分为算法收敛性的度量、所得近似解集多样性的度量、收敛性和多样性度量三类。算法收敛性用于评价近似解集与最优解集的接近程度；多样性用于衡量近似解集中最优解的分布情况。

通常，人们认为在分析多目标优化算法的性能时，希望算法能够对以下三个方面指标具有较好的性能。①收敛性：当前求得的 Pareto 前端（PF_{know}）与真实的最优 Pareto 前端（PF_{true}）之间的距离应该最小。②均匀性：最后求得的解点应该在前端曲线或曲面上尽量呈现均匀分布。③覆盖性：在整个前端上的各区域都应该有解点来代表。

Zitzler 在文献 [115] 中用严格的数学证明指出：对于有 M 个目标的多目标优化问题，至少需要 M 个指标才可度量两个不同算法之间的优劣程度，且现有的度量方法均为兼容的（Compatible），但不是完全的（Complete），如两个算法的均匀性可能完全不同，但度量结果却是相同的。现有的性能度量指标是基于与已知问题真实 Pareto 前端 PF_{true} 的比较，但往往现实世界目标问题中的 PF_{true} 经常是未知的，不能直接使用相同的度量指标进行评价，此时需要了解前端的形状和连接特性。因此，对多目标优化算法结果的分析工作有时比设计算法本身还要有挑战性 [65]。目前，国内外研究者已经提出了许多种多目标优化算法的性能度量方法（Performance Metric），下面将介绍三类常用的方法。

第一，逼近性度量方法。在理想情况下，多目标优化算法的求解过程是一个不断逼近 PF_{true} 的过程，但在实际应用中多目标优化算法很难找到最优 Pareto 前端，因此，要保证寻找到的 PF_{know} 的高质量，就要求 PF_{know} 尽可能地逼近 PF_{true}。

Van Veldhuizen 和 Lamont 在文献提出用世代距离（Generational Distance，GD）度量 PF_{know} 与 PF_{true} 之间的距离，其计算公式如下：

$$GD = \left(\frac{1}{n_{PF}} \sum_{i=1}^{n_{PF}} d_i^2 \right)^{\frac{1}{2}} \tag{2-6}$$

式中，n_{PF} 为 PF_{know} 中解的数目，d_i 为目标空间中第 i 个解与其 PF_{true} 中最近的解之间的欧氏距离。

若 GD = 0，则表示 $PF_{know} = PF_{true}$；若 GD 为其他的数值，则表示 PF_{know} 偏离 PF_{true} 的程度。该指标计算简单，实用性强，适用于多个算法之间相互比较。但需要对集合进行完全排序，且 PF_{true} 已知。

第二，均匀性度量方法。Schott 在文献［116］提出了一种空间度量指标（Spacing，S），用于衡量 PF_{know} 上解分布的"均匀性"。其定义如下：

$$S = \frac{\left[\frac{1}{n_{PF}} \sum_{i=1}^{n_{PF}} (\bar{d} - d_i)^2 \right]^{\frac{1}{2}}}{\bar{d}} \tag{2-7}$$

式中，$\bar{d} = \frac{1}{n_{PF}} \sum_{i=1}^{n_{PF}} d_i$，$n_{PF}$ 为 PF_{know} 上解的数目，d_i 为目标空间中第 i 个解与其 PF_{true} 中最近的解之间的欧氏距离。

设 m 为目标空间的维数，则 d_i 的表达式如下：

$$d_i = \min_j \sqrt{(f_1(x) - f_1^j(x))^2 + (f_2(x) - f_2^j(x))^2 + \cdots + (f_m(x) - f_m^j(x))^2} \tag{2-8}$$

式中，$j \neq i$，$i, j = 1, \cdots, n_{PF}$。

如果 S = 0，表示 PF_{know} 中所有解点呈均等分布。该方法的优点是：

与其他方法结合使用，它能够提供所得解的分布信息，使得结果更为准确；而且能够适用于二维以上的多目标问题。缺点是计算复杂度较高，且有些多目标问题的 PF_{true} 由两个或多个 Pareto 曲线或曲面组成。两条连续曲线端点之间的距离可能不符合 Schott 的距离间隔指标。此时对于这种特性的多目标问题而言，在计算间隔距离时应该不考虑前端上的那些分割点。

第三，宽广性度量方法。Zitzler 等在文献［112］中给出了非支配解集在 Pareto-前端上分布的宽广程度的度量指标——最大展布（Maximum Spread，MS），这个指标用于衡量 PF_{know} 对 PF_{true} 的覆盖程度。通过由 PF_{true} 和 PF_{know} 上的函数极值形成超方块体（Hyper-box）衡量。

$$MS = \sqrt{\frac{1}{n}\sum_{i=1}^{n}\left\{\frac{\min(f_i^{max},\ F_i^{max}) - \min(f_i^{min},\ F_i^{min})}{F_i^{max} - F_i^{min}}\right\}^2} \qquad (2-9)$$

式中，n 为目标函数的数目，f_i^{max} 和 f_i^{min} 分别为 PF_{know} 上的第 i 个目标函数的最大值和最小值，F_i^{max} 和 F_i^{min} 分别为 PF_{true} 上的第 i 个目标函数的最大值和最小值。

二、多目标在节能减排中的应用

早在 1996 年，Arikan 和 Kilic[117] 就提出能源生产的过程不仅需要考虑成本因素，同时需要考虑能源消耗造成的环境质量下降和生态破坏影响，通过建立一个能源环境模型，试图在能源成本和污染气体排放两个目标之间找到平衡，并采用目标加权的方法得到折中的能源规划方案。这一思想的提出，改变了以往仅考虑能源生产成本和能源产品之间单一的关系，在此基础上增加了能源消耗对生态环境的破坏这一制约因素，迫使人们将经济、能源、环境同时考虑，寻找三者之间的平衡点。之后涌现了大量的这方面的研究：学者多从产业结构优化、供应链节点和生产流程优化、资源优化配置三个方面讨论节能减排中的多个目标的权衡问题。

1. 产业结构优化

王峰等[118] 为了研究煤炭产业的技术进步和经济结构的调整速度对其他各产业的影响，从动态投入产出分析的视角，以规划期内各产业动态投入产出正负偏差最小、国内生产总值最大和非煤产业生产总值最大，建立了煤炭产业动态投入产出多目标规划模型，对模型中的直接消耗系数矩阵应用马尔可夫模型进行修正，对煤炭消费弹性系数应用三层 BP 神经网络进行了时间序列预测，为求解多目标模型奠定了基础。该作者虽然在建立模型的过程中提出了资源约束，但最终却将其忽略了。

于娜[119] 在对辽宁省能源消耗强度分析的基础上，利用动态投入产出方法，建立了以规划期内能源消耗最少和经济增长目标 GDP 最大化为目标，以产业结构合理化和高度化为约束条件建立目标规划模型。其中，具体的约束条件包括动态投入产出平衡、消费需求约束、资本形成约束、进出口贸易平衡、能源约束。模型中只考虑了能源和经济两个目标，没有考虑对环境的影响。

张新坡[120] 对黄岛区的产业结构分别建立了单目标优化模型和多目标模型。单目标模型以经济增长作为目标函数，约束条件包括节能减排目标、充分就业、各行业产值能力；多目标模型在单目标模型的基础上将充分就业约束改为优化目标，其他作为约束条件；在求解模型的过程中，首先在现有的产业结构下，经过反复试验，确定能达到节能减排指标的取值，另一种情况是在"十一五"规划提出的节能减排量指标下，运用灰色预测的方法确定模型中的其他参数，通过线性加权法构造评价函数，将多目标问题转化为单目标问题进行求解，得到优化调整后的区域产业结构。陈庆[121] 以工业增加值最大和环境损失最小为目标，考虑环境容量、水资源量和能源量约束，建立武汉市产业结构调整多目标优化模型，设定无为型、环境约束型、节能减排型三种不同的发展模式。针对不同发展模式，计算各工业行业的发展规模、污染物排放量和能源资源消耗量，发现每种模式下的发展制约因素，并指出《武汉市"十二五"规划发展思路》中支柱产业定位的不足。该模型调用 Matlab 工具箱优化工具箱中的 fgoalattain 函数求解多目标模型，这种方法依然是通过目标权重的方法将多目标问题转化为单目标问题进行求解。王峰和李树荣[122]在已有产业结构优化模型的基础上，建立多目标产业结构优化最优控制模型，模型有经济增长、充分就业、污染控制、各行业供需平衡四个目标，将能源消耗和污染物排放两个约束条件视为随机变量，假设其满足不同的正态分布函数，运用随机规划和模糊规划方法，将模型转化为确定性规划问题，然后通过线性加权法和惩罚函数法将多目标问题转化为无约束的单目标问题，利用粒子群算法对模型进行求解，并将其应用到黄岛区产业结构优化问题中，确定行业发展速度和规模。

2. 供应链节点和生产流程优化

朱金艳等[123]以大型煤炭供应链系统为研究对象，针对系统上不同节点、不同时间段的原煤生产、洗煤生产、库存和商品煤销售等决策优化问题，建立了利润最大化和客户满意度最大化两个优化目标的动态优化模型，并用目标规划法进行求解。文中的多目标模型仅仅考虑了经济效益这方面，没有考虑资源环境约束。

彭红军和周梅华[124]也基于煤炭供应链，建立了相同目标的多目标优化模型，对于模型的求解则是设计了改进的差分演化算法，该算法首先利用目标规划原理将多目标模型转化为含有偏差变量的目标规划模型，再采用非固定多段映射罚函数法处理约束条件，将模拟退火策略引入差分演化算法中增强算法的寻优性能。该算法尝试着用罚函数的思想来处理约束条件，从传统目标规划方法转向古典的多目标优化方法。Afshar 等[125]针对能源密集型产业的能源消耗问题，提出了一个鲁棒性较好的多目标优化决策系统，通过将生产单位分解成连续的单元，对生产流程、产品质量、能源消耗和其他不确定因素建模，提高能源效率和可持续发展的矛盾，将这一模型应用于造纸厂的生产控制问题，使用考虑用户偏好信息的梯度下降算法求解，得到了在保持产品质量的情况下，减少蒸汽消耗和提高产量的最优方案。

从上述关于多目标在产业结构优化和供应链节点优化中的应用研究可以总结出：这两方面的研究主要有两个特点：一是要么考虑忽视资源环境约束，要么忽视能源利用效率，少有将经济效益、能源效率、环境约束三个目标同时进行考虑的；二是在求解多目标模型的时候，大都是将多目标问题通过各种数学的方法转化成单一目标的问题。

3. 资源优化配置

张志刚和马光文[126,127]充分考虑梯级水电厂运行的特点，兼顾水火电力系统正常工作和环境保护的要求，以总运行费用、污染气体排放量和弃水量最小为目标，建立水火电力系统短期多目标优化调度模型，先后应用基于 Agent 的启发式方法和 NSGAⅡ求解，得到较好的发电调度方案。文中虽考虑了成本和环保两个因素，但没有考虑能源的节约，而且最后的最佳决策方案没有给出详细的求解过程。饶攀和彭春华[128,129]以机组煤耗量最小和机组污染物排放量最小为目标，考虑有功功率平衡和发电机组出力两个约束，建立了节能减排发电调度多目标优化模型，结合小生境技术和拥挤度的思想，提出一种改进的非劣排序差分进化算法 INSDE，得到在满足总负荷需求前提下，系统总的耗煤量和污染气体排放量。一方面，没有采用测试函数对文中算法进行性能测试；另一方面，最终求解结果缺少更充分的算法收敛性说明。张焱等[130]以煤耗量和污染气体排放最小为目标，考虑各个时段的节点潮流平衡约束和发电机爬坡约束，建立了调度周期内的多目标动态优化模型，利用模糊集理论中的隶属度函数将问题转化为满意度最大化的单目标问题，采用修正的原对偶内点法对问题进行求解。覃晖和周建中[131]忽略机组启停状态及爬坡速率的影响，也建立类似的水火电力系统多目标调度模型，将差分进化算法作为群体空间演化方法融入文化算法的框架中，提出一种多目标文化差分进化算法 MOCDE，并采用自适应二次变异策略保持群体多样性。裴旭等[132]对以上负荷分配问题，提出了改进的多目标粒子群算法，引入半可行域的概念放宽不可行解的约束，采用精英归档机制和自适应网格法，得到了分布均匀的 Pareto 最优解，并通过模糊隶属度函数选出最优折中解。

Mostafa 等[133] 对电力分布系统建立最小化三相不平衡和能源损失的多目标优化模型，并通过概率模型估计太阳辐射照度，采用遗传算法对模型进行求解，得到非支配的 Pareto 前端，通过与决策者的交互，确定最优的电力分配方案。Chaouachi 等[134] 在微电网能源智能管理中引入人工智能技术和基于线性规划的多目标优化思想，考虑可再生能源的可用性和负荷需求等因素，建立多目标模型，满足最小化运营成本和环境影响的能源管理目标，先后使用人工神经网络和模糊逻辑专家系统对能源调度过程进行优化。Zou 等[135] 针对将可再生分布式发电单元集成到分布式系统的难题，构建了多目标分布式系统扩展计划模型，解决总成本（投资成本＋购买能源成本＋排放成本）和系统稳定性两个目标，运用粒子群算法 PSO 对该模型进行求解，最后采用情景研究方法分析了不同的可再生分布式发电单元配置对系统稳定性的影响，以及系统强化的投资成本。

Kitamura 等[136] 为了解决生产单位的最优能源供应管理问题，建立了以能源成本最小和 CO_2 排放最少为优化目标的数学模型，并提出一种修正的 PSO 求解。Aki[137] 以城市能源集中供应系统为研究对象，在考虑 CO_2 排放约束的条件下，分析能源价格对能源消费者的经济影响，通过建立最小化 CO_2 排放和成本的多目标模型，优化得到不同价格情形下消费者和能源供应商的 CO_2 排放及成本，有利于消费者选择经济最优的能源消费方案。Filipic 和 Lorencin[138] 不同于已有文献中对可替代性能源供应系统设计的技术经济优化方法，采用差分进化多目标优化方法，优化得到一系列最大化技术性能和最小化成本的最优系统配置方案，供决策者选择。此外，还有一些将多目标应用于机组组合的问题中[139~141]。

从以上对资源优化配置中多目标问题的研究可以看出，多目标在各种电力调度的问题中应用得非常广泛和深入。然而对其他领域涉及并不是很多，有待进一步拓展。

第三节　节能减排动态优化

一、多目标动态优化

在现实世界中，许多优化问题都是多目标的，而且和时间因素有关。许多系统需要考虑动态调度问题，要考虑时间间隔上各个运行状态之间的约束，即时间带来的约束，这些约束成为动态约束。面对一个复杂动态变化的系统，静态优化方法具有明显的局限性，因为在这些问题中，研究目标是复杂变化的。将现实中的这些具有多个目标、和时间因素相关的问题抽象成数学模型就是动态多目标优化问题（Dynamic Multi-objective Optimization Problem，DMOP）。

从一般的观点来看，任何动态多目标优化问题都可以表述为如下参数化的多目标优化问题[142]。

记 V_o、V_F 和 W 分别为 n_o 维、n_F 维和 M 维连续的或离散的矢量空间，g 和 h 为定义不等式和等式约束的两个函数，f 为从 $V_o \times V_F$ 映射到 W 上的一个函数，则 M 个目标函数的参数化、多目标最小化问题可以定义如下：

$$\begin{cases} \min\limits_{\nu_o \in V_o} & f = (f_1(\nu_o, \nu_F), f_2(\nu_o, \nu_F), \cdots, f_M(\nu_o, \nu_F)) \\ \text{s.t.}: & g(\nu_o, \nu_F) \leqslant 0, \ h(\nu_o, \nu_F) = 0 \end{cases} \tag{2-10}$$

在上述定义的问题中，一些变量对于优化是有用的（ν_o），而另外一些变量（ν_F）是强加上去的参数，与优化变量无关。目标函数和约束条件都是受参数约束的，而且可以是非线性的。如果仅考虑一个参数——时间 t，则上述问题可以转化为如下定义。

记 t 为时间变量，V 和 W 分别为 n 维和 M 维连续的或离散的矢量空间，g 和 h 为定义不等式和等式约束的两个函数，f 为从 V×t 映射到 W 上的一个函数，则 M 个目标函数的参数化、多目标最小化问题可以定义如下：

$$\begin{cases} \min\limits_{\nu \in V} \quad f = (f_1(\nu, t), f_2(\nu, t), \cdots, f_M(\nu, t)) \\ \text{s.t.:} \ g(\nu, t) \leqslant 0, \ h(\nu, t) = 0 \end{cases} \qquad (2-11)$$

对于上述问题，定义两个比较重要的解集。

称 t 时刻的 Pareto-最优解集合 POS($S_p(t)$) 和 t 时刻最优 Pareto-前端上的最优目标值集合 POF($F_p(t)$) 分别为决策变量空间和目标值空间的 Pareto-最优解。

对于动态多目标优化，一个时变问题对于最优决策变量空间和最优目标值空间通常有以下四种可能的随时间变化的方式：①最优决策变量空间 S_p 随时间变化，最优目标值空间 F_p 不随时间变化（类型 1）。②最优决策变量空间 S_p 和最优目标值空间 F_p 都随时间变化（类型 2）。③最优决策变量空间 S_p 不随时间变化，最优目标值空间 F_p 随时间变化（类型 3）。④最优决策变量空间 S_p 随时间变化和最优目标值空间 F_p 都不随时间变化（类型 4）。

类型 4 意味着在一个系统变化中，最优决策变量和最优目标空间变量都不发生任何变化。当问题变化时，上述变化的多种类型可能在时间尺度内同时发生。

1. 求解算法

早在 1966 年，Fogel 等[143] 首次将进化算法应用于动态环境中。直到 20 世纪 80 年代后期，学者才开始关注这一问题。2004 年，Farina 等[142] 提出了一组既能用于连续又能用于离散的 DMO 问题的测试问题，同时也给出了解决这些问题的一个动态进化多目标算法：基于方向的方法（Direction-Based Method，DBM）。

一般来讲，对于静态多目标优化问题，其最优解是确定的 Pareto 最优解集，而对于动态多目标优化问题，因目标函数及约束条件不仅依赖于决策变量而且与时间参数 t 有关，故其最优解是随时间参数 t 发生变化的一组 Pareto 最优解集[144]。

因此，一个好的动态多目标进化算法需要解决以下两个问题：一是算法应能探测到环境的变化；二是为了全局最优，算法应能保持种群的多样性。

（1）探测环境的变化。根据动态多目标问题的定义，环境的变化指当进化时间发生变化时，目标函数或约束条件发生变化。当这些变化发生后，当前的进化策略不一定就是最优的，需要随着环境的变化做出相应的反应。然而，进化策略调整的前提是算法首先要能探测到这些变化。

一种策略是模拟环境变化后的反应，达到探测环境变化的目的。Zeng 等[145] 引入一种动态正交多目标进化算法，用于求解连续决策问题，该算法将环境变化之前的进化结果作为环境变化之后的初始解，应用正交试验设计方法增强两个连续环境变化之间静态种群的适应度，这样比普通的进化算法更能探测环境的变化。Deb 等[146] 在 NSGA-Ⅱ 的基础上，通过改进初始群体提出了两个新版本的动态多目标优化算法动态非支配排序遗传算法 DNSGA-Ⅱ-A 和 DNSGA-Ⅱ-B，前者是在环境发生改变后，随机生成一些个体代替群体中一定比例的个体；后者则是随机选择一些个体，对这些个体进行变异，用变异之后的解代替种群中一定比例的解。Jia 等[147] 设计了动态约束多目标差分进化算法，通过动态环境对约束条件实施控制，将松弛的约束边界收紧到原始的边界。

另一种是采用分解的思想将多个目标分别单独优化，或者将优化区域进行分割，从而使动态问题转化成静态问题。Greeff 和 Engel-brecht[148] 提出向量评估的 PSO 算法，该算法中每个目标由一个粒子来解决，在所有的粒子之间共享信息以达到解决所有目标的目的。文中讨论了种群大小和响应方式对算法探测变化性能的影响，结果表明：当探测到一个变化时，所有的粒子而不是只有优化具体目标的粒子重新初始化，能得到更多的分布均匀的非支配解，而且随着种群规模的增加，虽然能得到较多的非支配解，但其分布不是非常均匀。Goh 和 Chen[149] 提出了一个竞争合作的协同进化范例，在算法优化过程中，采用分解过程对多目标问题进行处理，根据目标数目将种群分成几组，每组在具体的时刻分别根据各自的目标单独优化，最后的优胜者将配合进化得到更好的解，竞争和合作的过程不断迭代，静态协同进化算法通过实例验证，算法能解决局部最优、非连续、非凸性和高维的多目标问题，同时也测试了动态的协同进化算法在动态的环境中跟踪 Pareto 前端的能力。Helbig 和 Engelbrecht[150] 首先明确了动态向量评估 PSO 算法的整个搜索过程是由局部和全局向导来驱动的，然后分析了不同的导向更新方法对算法性能的影响，结果显示该算法比协同竞争进化算法更能捕捉到环境的快速变化，但对于不连续的 Pareto 前端存在收敛性的问题。刘淳安和王宇平[151] 对连续的时间变量区间进行任意划分，将动态多目标问题看成是多个时间子区间上的静态多目标问题，再通过静态序值方差和静态密度方差将每个子区间上的任意多个目标的问题转化为双目标问题，并设计了一个自检算子自动检测时间的变化。

（2）保持多样性。保持多样性有两种方式：一是通过引入新的多样性，如随机生成新的个体、通过变异算子产生新的个体；二是使用历史信息，来判断解的优劣，如记忆法和外部档案等。

Deb 等[146] 在 NSGA-Ⅱ 的基础上，提出的两个新版本 DNSGA-Ⅱ，当环境变化时，采取随机生成或变异操作的方式产生新的个体。钱淑渠和张著洪[152] 提出动态多目标免疫算法，该算法依据自适应领域及抗体当前位置设计抗体的亲和力，通过 Pareto 支配的思想分层选择参与进化的抗体，利用克隆扩张及自适应高斯变异操作保持种群多样性，基于免疫记忆和 Average linkage 聚类方法设定环境识别准则和处理记忆池。刘淳安[153]针对自变量的维数随时间变化的动态多目标问题，设计了 PSO 算法，通过适时变异算子和自适应变化惯性因子避免算法陷入局部最优，并提出判断环境变化的有效规则，增强算法对环境变化的跟踪能力。

Zheng[154]提出一个新的动态多目标进化算法，利用超变异操作算子处理动态性，几何 Pareto 选择算子处理多目标。Wang 和 Li[155]提出几种基于记忆的多目标进化算法，通过实验调查几种不同的多目标动态优化机制，包括重新启动、外显记忆、局部搜索记忆和混合记忆模式。Helbig 和 Engelbrecht[156]提出了基于档案管理的动态向量评估 PSO 算法，讨论当环境发生变化时档案管理的三种不同方式：第一种方式是清除档案，这种方式丢失了已经获得的知识，不利于 Pareto 最优前端的发现；第二种方式是重新对解进行评估，然后仅仅去掉部分解；第三种方式是对档案中所有的解重新进行评估，对那些由于环境变化从非支配解变成支配解的解，使用爬山算法将其重新变为非支配解，如果这个过程失败了，则将此支配解从档案中去除。

（3）预测变化。当探测到进化环境发生变化时，算法如何调整进化策略呢？有学者通过分析历史信息，预测下一步变化，并将这些预测信息加入到个体中，加快算法收敛。如 Hatzakis 和 Wallace[157]在环境发生变化时，使用随机时间序列预测模型估计下一个最优解的位置，在这个位置上或其附近产生新的个体，并通过外部档案保存部分非支配解保持种群多样性。Zhou 等[158]采用高斯噪声干扰当前种群，产生新的种群，其中高斯参数是由变化的历史信息确定的。彭星光等[159]提出了基于 Pareto 解集关联与预测的 DMOEA，该算法首先基于超块设计了 Pareto 解集关联方法，通过分析 Pareto 解的时间序列规律预测新环境下的 Pareto 解集。武燕等[160]提出预测遗传算法，通过历史信息对最优解进行预测，该方法首先利用环境变化检测算子检测出环境的变化，然后对 Pareto 前端进行聚类，得到解集的质心，基于质心和参考点这些信息使用惯性预测方法得到新环境的预测点，将这些预测点和通过对预测点进行高斯变异得到的领域点作为预测点集，弥补惯性预测带来的误差，增强种群的多样性，最后通过多目标遗传算法对预测点集实施遗传操作。

2. 算法性能

为了描述一个动态多目标优化算法的性能，必须要考虑所得解的收敛性和多样性。下面给出几种度量 DMOEA 有效性的方法。

（1）Farina 等[142] 分别给出了决策空间和目标空间的收敛性度量指标。这里采用目标空间的收敛性指标。

$$ef(t) = \frac{1}{np} \sum_{j=1}^{np} \min_{i=1:nh} \| S_{p,i}(t) - X_j^{sol}(t) \| \tag{2-12}$$

其中，nh 用于标记已知的 S_p 采样点的数目；np 是已得到的非支配解的数目；X_j^{sol} 为目标空间计算得到的解；算子 $\| \cdot \|$ 为欧氏距离。

（2）Zhang 等[161] 提出了一个被称为 IGD 的指标，可以用来计算最优 Pareto 前端 PF* 和求解得到的 Pareto 前端 PF 之间的距离，定义如下：

$$IGD(PF, PF^*) = \frac{\sum_{\nu \in PF^*} d(\nu, PF)}{|PF^*|} \tag{2-13}$$

式中，$d(\nu, PF)$ 是 v 和 PF 之间的最小距离。这个指标能衡量求得 Pareto 前端的收敛性和多样性。

文献 [142] 对两个目标的 ZDT[113] 和可升级的 DTLZ[162] 测试问题进行直接推广，构造了动态多目标进化算法。与其他测试问题相比，这些测试问题具有非凸、非连续等问题。

二、多目标动态优化在节能减排中的应用

动态多目标方法擅长解决在变化的环境中寻找互相矛盾因素的平衡状态问题，很好地解决了动态决策需要。目前，在资源的经济调度和产业结构优化两个方面得到了广泛的应用。在资源的经济调度方面，尤其是在电力资源的调度上，电力系统的各个环节都得到了深入的研

究。在产业结构优化方面，主要是从投入产出平衡的角度，综合考虑资源约束和环境约束，研究产业结构优化方案。

1. 资源调度

电力系统的规划设计。胡铁松等[163] 对电力系统电源规划问题，建立了总费用最小和电力不足事件概率最小的多目标动态优化模型，在求解过程中，首先采用约束法将模型转化为单目标模型，然后利用大系统递阶原理分解为三级递阶控制模型，最后得出合理的电站建设顺序和装机过程是电力系统提高可靠性的关键因素。Jiang 和 Wang[164] 出于电力系统运营安全和经济两方面考虑，以电网输电损耗、电压偏差和补偿费用最小为优化目标，构建了多目标无功率优化模型，为了提高算法的收敛性和鲁棒性，设计了动态变异和 metropolis 选择进化操作，然后通过目标函数值最小二乘误差的方法将多目标转化为单目标问题，最终得到合适的电力系统设计。

在电网的经济调度方面。Luo 等[165] 为解决三峡水库发电、船运、生态等冲突问题，首先建立了一个单目标模糊动态规划模型，然后拓展为长期的模糊多目标动态规划模型，扩展后的模型包括三峡水库的发电量最大化和葛洲坝水库溢水量最小化两个目标，优化得到水库每个月的流入流出水量，方案具有可操作性。Soroudi 等[166] 考虑了风力发电负荷和发电量及电力市场价格等多种不确定性因素，针对可再生和不可再生分布式发电规划提出了概率动态多目标模型，达到总成本和技术风险最小化的目标，模型通过非支配排序遗传算法求解得到 Pareto 最优解集，最后使用一个最大最小方法从其中选出最终的分布式发电规划方案。杨媛媛等[167] 针对风电并网系统的经济调度问题，建立了多目标动态模型，模型中主要考虑了风电系统的运行成本、污染气体排放成本、备用成本等目标，考虑机组功率平衡、机组爬坡约束正负旋转备用约束，采用层次分析法引入主观判断，将多目标加权转化成单目标，采用正交试验设计法和控制参数自适应调整策略改进差分进化算法，应用于 IEEE30 节点系统。洪博文等[168] 以微电网系统运行的经济成本和环境成本为目标，建立了多目标动态优化调度模型，整个模型包括系统仿真和运行优化两个独立的模块，两个模块共享调度信息，共同实现整个调度系统的优化。

电力系统的环境经济调度问题。Niknam 等[169] 为了解决动态经济排放调度问题，以总燃料成本和总排放为目标构建了动态多目标模型，提出了 θ-多目标导师学习优化算法，此算法是基于相位角而不是设计的变量，为了避免陷入局部最优，引入了一种新的学习方法，而且也应用了几种启发式技术，新的选择操作、小生境机制和聚类方法，为算法找到均匀分布的 Pareto 前端提供了技术保证，最后引入决策者的偏好，采用最小最大法选择候选解，作为下一代进化的初始种群。2013 年，Niknam 等[170] 考虑实时电力系统的混沌效应和短期缓变率等实际约束，构建了实际储备约束的动态环境经济调度问题，这个问题是一个复杂的非线性、非平滑、非凸的多目标优化问题，为了求解此复杂的问题，提出了一个新的多目标自适应学习蝙蝠算法，该算法采用混沌策略生成初始种群，通过竞标赛拥挤选择算子选择非支配个体，并设计了一个新的自适应学习机制用以增加种群的多样性和修正收敛性判别准则。

此外，动态多目标在其他领域，如车间调度、无线路由设计、天然气供销平衡等也有很广泛的应用。Nguyen 等[171] 结合改进的多目标协同遗传规划算法和情景分析法，用于加工车间环境下的调度规则和交货期确定规则的设计优化。邰丽君等[172] 建立了云制造资源多目标动态调度优化模型，并提出了一种动态调度技术，解决了调度过程的周期性特点和突发随机性特点。Valentini 等[173] 将动态多目标应用于无线网络路由协议中的路由选择问题。Wang 和 Xiao[174] 考虑天然气销售经济收益最大化、天然气缺少量最小化和季节性供应波动最小化三个目标，构建了一个多目标动态规划模型，用于解决天然气生产和销售不平衡的问题。

2. 产业结构优化

那日萨和唐焕文[175,176] 通过两篇文章介绍了多目标动态优化模型在投入产出问题中的应用，第一篇文章针对地区中长期发展规划，建立了一个包括六个目标四类约束的多目标动态投入产出优化模型，其中目标分别是规划期内国内生产总值（GDP）累计最大、末年第三产业增加值比重达到预期目标、综合经济平衡、GDP 平均速度尽可能达到预期目标四个经济指标，能耗最低和污染最小，约束条件主要有动态投入产出平衡约束、积累消费约束、资源约束等，通过线性变换将各部门产出的增量作为决策变量，减小了问题规模。第二篇文章则给出了一个人机对话决策的目标规划求解算法。董琨[177] 在其博士论文中首先分析了产业结构变动与经济波动、能源消耗和污染排放之间的促进和制约关系，构建了包括经济增长和能源消耗两个目标的动态随机优化模型，模型中将污染排放作为一个随机变量，实现随机性向确定性、多目标向单目标的转化，借助拉格朗日方法对模型进行求解，优化得到在控制能源消耗量和污染排放量的情况下，保持经济稳定增长的产业结构优化方案。李强强[178] 考虑经济、能源、污染排放三个目标，以投入产出平衡、生产能力、资源限制为约束条件，分别从企业和国家两个能源系统层面建立了多目标动态投入产出优化模型，利用隶属度对约束条件进行处理，构造个体评价函数，运用遗传算法对国家层面的模型进行求解，得到 2003~2030 年内各个部门的总产出、GDP 变化趋势及各部门占 GDP 的比重，为能源系统的合理规划提供建议。

第四节　多目标最优决策优选

在决策与优化理论中有三类决策问题：多准则决策（Multiple Criteria Decision Making，MCDM)、多属性决策 (Multiple Attribute Deci-sion Making，MADM)、多目标决策 (Multiple Objective Decision Mak-ing，MODM)。这三种决策问题既有联系又有区别。多属性决策和多目标决策的共性在于，两者对事物的判断准则都不是唯一的，且准则与准则之间经常相互矛盾。它们的区别在于，前者的决策空间是离散的，后者是连续的；前者的选择余地是有限的、已知的，后者是无穷的、未知的；前者的约束条件隐含于准则之中而不直接起限制作用，后者的约束条件独立于准则之外，是决策模型中不可缺少的组成部分。概括起来说，多属性决策是对事物的评价选择问题，多目标决策是对方案的规划设计和选优问题。而多准则决策的研究领域包括多属性决策和多目标决策。所以，多准则决策不仅包含优化的问题，也包含如何选择的问题[65]。

Hwang 等对多目标决策的分析方法进行了系统的分类，根据决策者的偏好作用于决策过程的时机不同可以将其分成以下四类[179]：①没有偏好信息可供借鉴，只有搜索过程。②预先使用偏好信息，选择过程在搜索之前发生。③搜索过程中采用偏好信息，使得搜索和选择过程融合在一起。④搜索完成后采用偏好信息进行决策，即选择过程在搜索过程之后实施。

在第一类情况下，不采用决策者的任何偏好信息，并假设存在一种全局准则可以指导整个搜索过程。在第二类情况中，各种目标根据决策者的偏好信息聚合成一个复合目标，可以借助传统的单目标优化方法进行求解，如权重聚合方式的构造过程就是在搜索过程中借助了偏好信息。第三类情况允许决策者在搜索期间交互确定和调整偏好与搜索方式，搜索步骤和偏好选择过程混合在一起，可以根据决策者的偏好信息不断地调整搜索方式。第四类情况是先实施搜索过程，在决策者抉择之前就已经由搜索过程产生了一组比较满意的备选方案，然后借助多属性决策分析的方法从有限方案集里进行最终选择。

多目标进化算法的研究大多数是针对第四类情况的，这样可以将焦点集中在如何设计出有效算法以获得近似最优决策方案集[180,181]。在通过多目标进化算法执行搜索过程之后，可以将产生的方案集作为决策者的输入，决策者根据其偏好信息做出最后抉择，后者属于多属性决策分析领域的问题。经过多年的发展，多属性决策方法已十分丰富[182]。下面将从模糊决策、灰色多目标决策、博弈策略和情景策略四个方面详细介绍一些多属性决策方法在节能减排中的应用。

1. 模糊决策

这一方面的研究特点主要有两点：一是直接通过隶属度线性加权将多目标函数转化为单目标函数进行求解；二是在多目标求解结果的基础上，使用 TOPSIS 和 Vague 集理论等方法来描述决策者的偏好信息，从其中选择最好解。

Bian 等[183] 基于隶属度线性加权规划方法，研究了不完全权重因子信息的太阳能投资模糊多目标决策问题，文中首先将问题转换为等价的非线性规划问题，建立相应的拉格朗日函数，计算所有项目的隶属度线性加权平均值，以此对这些项目进行排序。覃晖[184] 考虑梯级电站群上下游防洪安全和发电容量效益，分别建立了水库多目标防洪优化调度模型和多目标发电调度模型，提出了一种多目标文化差分进化算法求解系统长期和短期发电调度规划 Pareto 解集，结合主客观组合赋权的方法确定属性权重，运用 Promethee-Ⅱ选取最终的梯级防洪、发电调度方案。

卢有麟[185] 以长江中上游梯级水电能源系统为研究对象，分别面向长江中上游、金沙江下游和三峡，建立了水电站群联合优化调度模型，梯级防洪、发电优化和生态调度模型，基于改进差分进化优化方法，设计了一种基于 Pareto 向量对比的多目标混沌搜索策略，得到非劣的调度方案集。在此基础上，基于 Vague 集理论描述主客观偏好的模糊信息，计算非劣方案集相对正、负理想方案贴近度的 Vague 值，实现非劣调度方案的优劣排序。葛菲菲[186] 针对企业实际生产中的下料问题，以原料浪费、下料方式数和可用余料返回最小化为目标，建立了多目标模型，运用 NSGA–Ⅱ求得 Pareto 最优解集，将目标集作为评价属性集，Pareto 最优解集作为备选方案集，采用综合主、客观赋权法的组合赋权法确定评价属性的权重，其中主观权重由经验给出，客观权重使用熵权法计算得到，然后运用 TOPSIS 对备选方案进行评价排序，选出一个满意的下料方案。陈晓红等[187]基于梯形模糊和分层序列优化方法建立了多目标线性规划模型，模型中采用梯形模糊数来描述专家的偏好信息，运用分层序列优化方法求解出该模型的最优解，通过计算不同方案的模糊属性值和理想方案值之间的距离，对方案进行评价排序，最后选择深圳、广州、武汉、株洲、杭州五市的工业企业为研究对象，从经济效益、资源节约、环境保护和社会效益四个方面，运用多目标线性规划模型对这些城市的工业企业进行综合排名。

2. 灰色多目标决策

灰色多目标决策方法主要是将灰色关联的思想引入多目标方法中，从多组 Pareto 解集中选择最终的满意解。Liu 等[188]将熵值赋权法和灰色关联分析引入粒子群优化算法中求解多目标问题，灰色关联用于指导粒子的飞行，而熵值赋权法被融入灰色关联分析中以增加解的多样性。Yang 等[189]通过建立灰色关联度决策模型来解决黄河流域水利项目投资问题。Li 和 Yao[190]采用灰色多目标决策方法为黄花城高速公路建设项目提供可行的施工方案。武新宇等[191]建立了梯级水电站群多目标调度模型，应用灰色关联将其转化成多个单目标模型，采用逐步优化算法求解非劣解集，最后结合熵权法和理想点法选择最优解。梅年峰等[192]结合灰色理论和多目标优化，建立了基坑支护方案的灰色多目标决策优选模型，通过无限方案多目标决策方法求解，得到各方案的优属度，优属度越高，方案越好。

3. 博弈策略

与模糊决策、灰色多目标决策方法不同，博弈策略是将博弈的思想融入多目标进化的过程中，与进化算法对优化对象一起实施进化，最终得到均衡解。如罗利民等[193]针对区域水资源合理配置的问题，以区域经济发展与水环境保护为目标函数，建立了水资源多目标优化模型，基于博弈分析的思想将多目标问题转化为博弈决策问题，采用灵敏度指标及模糊聚类方法得到博弈方的战略集，同时采用了协同进化算法求得 Nash 均衡解。傅玉颖等[194]针对供应链上生产任务指派问题，以模糊成本和模糊处理时间为目标，建立了多层次多方模糊博弈多目标优化模型，模型中使用模糊理论分析供应链的模糊合作博弈过程，研究合作伙伴间利益均衡时的供应链生产模式。陈冬、李厚甫[195,196]将博弈策略引入多目标遗传算法中，分别提出了基于静态贝叶斯博弈的多目标遗传算法和基于混合策略博弈的多目标遗传算法，算法将每个子目标看作是一个博弈参与人，每次迭代都是一场多方博弈，参与人在博弈过程中需要综合考虑收益矩阵、损益矩阵、友好度矩阵等因素来选择自己的最优策略，基于这个最优策略找到贝叶斯纳什均衡，文中将这个算法应用于网格调度问题中，优化得到任务时间花销最小和费用最低的调度方案。游晓明等[197]基于量子场理论，提出了博弈量子的多目标优化算法，用于解决网络资源并行分配的问题。该算法将分布式系统中的实体和资源都看作 Agent，通过网络节点间的竞争、合作等交互行为，每个 Agent 根据博弈策略采取相应的自治行为，整个系统最终达到稳定状态。严明和刘鸿雁[198]将博弈论的思想应用于货运列车编组调度问题中，分析了货运列车进站、解体、编组、发车四个流程中的博弈行为，以编组站中时最小、编组效率最高、通过能力最大为优化目标，建立了货运列车编组调度多目标优化模型。

4. 情景策略

目前，情景策略和多目标算法的结合主要有两种方式：一是在实施进化算法之前，将原问题的不确定因素通过一些技术转化成确定的情景，然后使用进化算法对这些情景加以进化；二是在进化算法实施完成后，对于优化得到的 Pareto 解集，应用情景分析的方法对其进行分析。

Niknam 等[199]给微电网运营多目标最优化问题提出了一种基于

情景的静态规划框架，在静态模型中考虑了成本和排放最小两个目标，模型输入有预测的负荷需求、风能和太阳能的有效输出功率和市场价格，根据这些具有不确定性输入的概率分布函数，使用轮盘赌的思想生成一些情景，将原问题转化为确定性的问题，然后引入一种自适应概率修正策略改进有导师学习的多目标优化算法，通过实施此算法得到 Pareto 前端，并将其保存在由模糊聚类技术控制大小的知识库中，最终利用小生境机制选择期望的折中解。刘勇等[200]结合灰色局势决策和前景理论，提出了基于前景理论的多目标灰色局势决策方法，此方法首先利用 Vague 和 TOPSIS 方法对数据进行规范化处理，得到正、负理想方案，建立以综合前景值最大为目标的多目标模型求解最优权重，最终通过综合效果测度对方案进行排序，用于产品生产投资决策。牛鸿蕾和江可申[201]考虑经济总量、就业水平、碳排放三个目标，建立了投入产出多目标优化模型，借助 NSGA II 测算了中国产业结构调整的碳排放效应，设定增长偏向型、就业偏向型、低碳偏向型、中性发展四种方案，探讨不同目标对产业结构优化碳排放效应的影响。

第五节 文献评述

综观国内外关于节能减排及多目标在节能减排中的应用研究，本书分别从宏观和微观两个角度进行总结。

（1）在宏观层面上，关于节能减排的研究主要集中在产业结构调整和产业链结构优化两个方面。这一方面的研究存在两个问题，一是在建模过程中没有同时考虑经济、能源、环境三个因素，最多包含其中两个，或者是经济因素和环境因素，或者是能源因素和经济因素；二是在模型求解过程中，一般采用目标规划方法、线性加权和罚函数法将多目标问题转化为单目标问题进行求解。

（2）在微观层面上，主要是从资源调度和节能减排途径两个方面展开。具有两个特点，一是大部分从电力系统、微电网、风电并网系统的发电调度角度进行研究，关于煤炭工业的节能减排研究较少；二是主要通过节能减排技术在某个环节实现节能减排，未着眼于煤炭生产的整个业务流程以挖掘矿区节能减排潜力。

第三章　煤炭矿区节能减排现状和潜力

煤炭作为我国的主体能源，对经济的发展做出了巨大的贡献。然而煤炭开采引发的水资源破坏、瓦斯排放、煤矸石堆存、地表沉陷等，对矿区生态环境破坏严重，恢复治理滞后。而且在煤炭利用过程中排放大量二氧化碳等有害气体，对气候变化造成了严重的影响。

第一节　煤炭行业节能减排现状分析

一、节能减排现状

1. 煤炭行业能源消费情况

图 3-1 给出了我国煤炭开采和洗选业能源消费总量情况。说明我国煤炭开采和洗选业的能源消费量明显地与能源发展规划相关，在"十五"和"十一五"整个规划期呈先增加后减少的特征，规划中期能源消费总量达到峰值，年增长比例分别超过 25% 和 30%，规划期最后一年能源消费总量处于低谷，年增长率跌至 5% 以下，甚至在 2006 年呈负增长状态。

煤炭开采和洗选业消耗的能源种类主要有煤炭、焦炭、汽油、煤油、柴油、燃料油、天然气、电力。煤炭作为洗选业的生产原料，消费量是最多的，占到能源消费总量的 95% 以上。图 3-2 显示了除煤炭

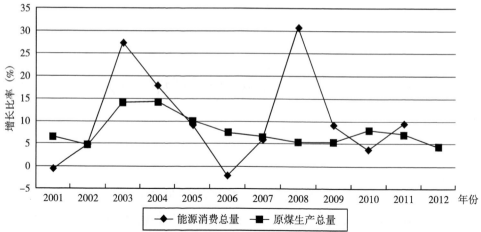

图 3-1 我国煤炭开采和洗选业能源消费总量年增长率与原煤生产总量增长率
资料来源：根据历年中国统计年鉴整理。

外的其他几种主要能源的消耗情况。柴油一直是主要消耗能源，其次是电力。柴油的消耗量于 2007 年至 2011 年逐渐增加，而柴油的成本高于电力成本，所以可以采用电力设备代替柴油设备以达到降低能耗成本的目的。

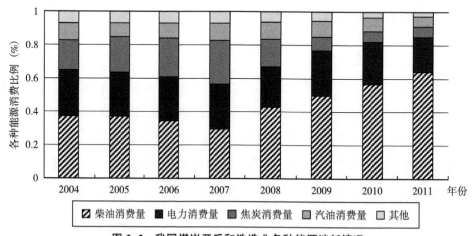

图 3-2 我国煤炭开采和洗选业各种能源消耗情况
资料来源：根据历年中国统计年鉴整理。

2. 煤炭行业污染排放情况

"十一五"期间节能减排战略的实施，煤炭开采和洗选业加大对污染物的治理力度和对"三废"的利用率，各种污染物排放总量大体趋势不断下降，对全国的节能减排工作做出了非常重要的贡献。从图 3-3 可以看出，从 2005 年开始，废水的年治理率直线上升到 92%，2007~2010 年，该指标在 92%上下平缓波动。表 3-1 显示在较高的废水治理率下，2005~2008 年未达标的废水排放量分别下降 7.82%、18.16%、10.79%、0.35%，由于 2009 年治理率下降，未达标的废水排放量增加了 23.02%；2010 年为了实现减排目标，废水治理率上升至 93%，废水排放量的速度有所减缓。

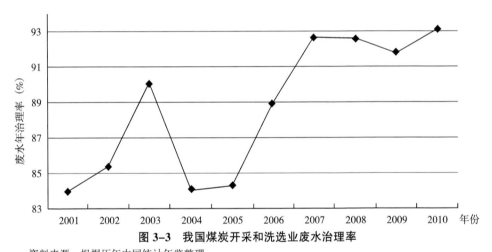

图 3-3　我国煤炭开采和洗选业废水治理率

资料来源：根据历年中国统计年鉴整理。

表 3-1　煤炭开采和洗选业废水排放及处理情况

年份	企业数（家）	废水排放总量（万吨）	废水排放达标量（万吨）	废水治理设施数（套）
2001	2331	50644	42529	2277
2002	2300	48571	41463	2300
2003	2379	53168	47873	2317
2004	2828	49983	42019	2440
2005	2968	46650	39309	2517
2006	3108	54023	48015	—
2007	3610	73040	67680	—

续表

年份	企业数（家）	废水排放总量（万吨）	废水排放达标量（万吨）	废水治理设施数（套）
2008	4103	72209	66868	—
2009	4261	80236	73665	—
2010	4623	104765	97542	—

资料来源：根据历年中国统计年鉴整理。

表 3-2　煤炭开采和洗选业废气排放及处理情况

单位：万吨

年份	二氧化硫		烟尘		粉尘	
	排放量	去除量	排放量	去除量	排放量	去除量
2001	17.77	4.07	16.88	133.51	7.63	22.82
2002	18.60	6.35	12.74	108.71	9.15	13.48
2003	15.52	6.62	104.38	13.35	8.92	5.21
2004	15.21	5.64	13.48	96.68	13.75	15.12
2005	21.04	5.67	10.93	141.76	24.59	9.67
2006	14.50	8.90	12.20	92.30	17.60	7.90
2007	17.53	10.22	9.20	184.94	13.91	17.59
2008	14.87	9.16	9.99	185.48	13.66	16.87
2009	14.99	9.73	9.83	171.18	18.78	16.22
2010	16.03	4.96	11.62	118.65	14.91	16.17

资料来源：根据历年中国统计年鉴整理。

从表 3-2 可以看出，2006 年煤炭开采和洗选业二氧化硫排放量下降 31.09%，2007 年稍有反弹，2008 年下降 15.18%，2009~2010 年排放量稍有增加。烟尘和粉尘的排放量分别在 2007 年下降 24.56% 和 20.99%，2010 年烟尘的排放量又迅速反弹了 18.19%，而粉尘继续保持 20.61% 的下降速度。说明污染物的减排工作还不是很稳定，波动幅度比较大，处于强制性减排阶段。

表 3-3　煤炭开采和洗选业固体废弃物排放及处理情况

年份	固体废物产生量（万吨）	#危险废物（万吨）	固体废物综合利用量（万吨）	固体废物贮存量（万吨）	固体废物处置量（万吨）	固体废物排放量（万吨）	"三废"综合利用产品产值（万元）
2003	138	10.83	70	13	63	—	95523.0
2004	15082	497	8944	2131.8	4051	4613900	117890
2005	18248	0.08	11379	2342	5016	444	157507
2006	19352	18.29	12337	1886	5700.0	374.15	—

续表

年份	固体废物产生量（万吨）	#危险废物（万吨）	固体废物综合利用量（万吨）	固体废物贮存量（万吨）	固体废物处置量（万吨）	固体废物排放量（万吨）	"三废"综合利用产品产值（万元）
2007	18751.6	1.56	12386.2	1266.8	5449.1	361.75	205304
2008	19571	1.08	13880	1234	5127	247	242857
2009	23868.6	0.06	18409.9	1490.3	5069.7	261.35	215935
2010	27316.1	0.01	20906.1	1627.0	5327.0	187.73	299842

资料来源：根据历年中国统计年鉴整理。

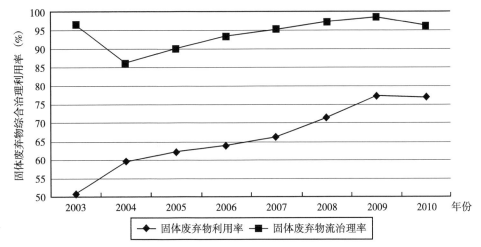

图 3-4　我国煤炭开采和洗选业固体废弃物综合治理利用率

从表 3-3 和图 3-4 可以看出，煤炭开采和洗选业对固体废弃物的综合利用率不断提高，"三废"综合利用产品产值逐年增长，2010 年综合利用产品产值达到 30 亿元左右。说明对固体废弃物的回收利用，不仅可以减少污染物的排放，保护生态环境，而且还可以创造经济效益。一旦排放物的综合治理和利用产生正向的作用，也会有益于煤炭行业的健康发展。

二、节能减排存在的问题

煤炭行业虽然取得了长足进步，但在发展过程中的不协调、不平衡、不可持续问题依然突出。

（1）资源支撑难以为继。我国煤炭人均可采储量少，仅为世界的

2/3；开发规模大，储采比不足世界平均水平的 1/3；资源回采率低，部分大矿采肥丢瘦、小矿乱采滥挖，资源破坏浪费严重；消费量大，约占世界的 48%。资源开发和利用方式难以支撑经济社会长远发展。

（2）生产与消费布局矛盾加剧。东部煤炭资源日渐枯竭，产量萎缩；中部受资源与环境约束的矛盾加剧，煤炭净调入量增加；资源开发加速向生态环境脆弱的西部转移，不得不过早动用战略后备资源。北煤南运、西煤东调的压力增大，煤炭生产和运输成本上升。

（3）整体生产力水平较低。采煤技术装备自动化、信息化、可靠性程度低，采煤机械化程度与先进产煤国家仍有较大差距。装备水平差、管理能力弱、职工素质低、作业环境差的小煤矿数量仍占全国的80%。生产效率远低于先进产煤国家水平。

（4）安全生产形势依然严峻。煤矿地质条件复杂，瓦斯含量高，水害严重，开采难度大，开采深度超过 1000 米的矿井 39 对。占 1/3 产能的煤矿亟须生产安全技术改造，占 1/3 产能的煤矿需要被逐步淘汰。重特大事故尚未得到有效遏制，煤矿安全生产问题仍较突出。

（5）煤炭开发利用对生态环境影响大。煤炭开采引发的水资源破坏、瓦斯排放、煤矸石堆存、地表沉陷等，对矿区生态环境破坏严重，恢复治理滞后。煤炭利用排放大量二氧化碳等有害气体，应对气候变化压力大。

（6）行业管理不到位。行业管理职能分散、交叉重叠，行政效率低。资源开发秩序乱，大型整装煤田被不合理分割，不少企业炒卖矿业权，部分地区片面强调以转化项目为条件的配置资源，一些大型煤炭企业资源接续困难。准入门槛低，一些不具备技术和管理实力的企业投资办矿，存在安全保障程度低等问题。

三、节能减排目标

《节能减排"十二五"规划》要求在 2010 年的基础上全国万元国内生产总值能耗下降 16%；全国化学需氧量和二氧化硫排放总量分别

减少 8%；全国氨氮和氮氧化物排放总量分别降低 10%。煤炭行业作为我国 9 大重点耗能行业之一，在节能减排的工作中扮演着重要的角色。

"十一五"时期，煤炭行业全面落实节能减排战略，在提高能源效率和减少污染排放两方面都有很大的进展。在能源效率方面，2010 年采煤机械化程度在 65% 左右，原煤入选能力 17.5 亿吨/年，入选原煤 16.5 亿吨。在资源综合利用方面，全国煤层气（煤矿瓦斯）利用率量 38.89% 亿立方米；洗矸、煤泥和中煤综合利用发电装机容量 2600 万千瓦，利用低热值资源 1.3 亿吨，相当于回收 4200 万吨标准煤，少占压土地 300 公顷；矿井水利用率 59%；土地复垦率 40%。煤炭的生产技术水平大幅提升，生态环境也得到了大大改善。

基于《节能减排"十二五"规划》的总体目标，煤炭行业制订了相应的发展规划，从煤炭生产、煤矿建设、企业发展、技术进步、安全生产、综合利用、生态环境保护、能源节约等方面提出了具体的要求。到 2015 年，煤炭产量控制在 39 亿吨左右，原煤入选率 65% 以上，采煤机械化程度达到 75% 以上。煤层气利用率 60% 以上，煤矸石综合利用率 75%，矿井水利用率 75%，土地复垦率超过 60%。具体的环境治理预期效果如表 3-4、表 3-5、表 3-6 所示。

表 3-4　2015 年全国环境治理预期效果

指标	产生量	利用量	综合利用率（%）
煤矸石（亿吨）	8.00	6.10	75 以上
矿井水（亿立方米）	70.92	54.00	75
煤层气（亿立方米）	160（地面），140（井下）	160.00	100（地面），60（井下）
瓦斯（亿立方米）	140.00	84.00	60
塌陷复垦（万公顷）	7.80	4.70	60.26

资料来源：根据《节能减排"十二五"规划》报告整理。

表 3-5　2015 年各地区环境排放物预期产生量

指标	产生量		
	东部	中部	西部
煤矸石（亿吨）	1.27	3.21	3.52
矿井水（亿立方米）	10.24	22.49	38.19

指标	产生量		
	东部	中部	西部
瓦斯（亿立方米）	31.12	83.00	91.15
塌陷（万公顷）	0.93	2.69	4.18
水土流失面积	—	2.83	4.39

资料来源：根据《节能减排"十二五"规划》报告整理。

表 3-6 2015 年地区环境治理预期效果

指标	利用率（%）		
	东部	中部	西部
煤矸石（亿吨）	85	77	70
矿井水（亿立方米）	80	68	80
瓦斯（亿立方米）	51	63	>55
塌陷复垦（万公顷）	>80	>65	>50

资料来源：根据《节能减排"十二五"规划》报告整理。

四、节能减排基本路径

根据环境污染控制理论，节能减排主要通过生产工艺优化、节能设备采用、源头污染物减排、排放物事后治理、废弃物循环利用以及管理控制（如能耗与排放精细化管理）实现降低能耗与排放。对煤炭矿区而言，节能减排是指为实现既定的节能减排目标而对生产工艺流程、节能设备、排放治理方式等方面制订的投资决策与管理措施。这些决策方案与管理措施必须针对煤炭生产过程中高能耗与高排放工序及高强度污染物，才能有效地实现煤炭矿区节能减排。煤炭矿区节能减排基本途径有：

（1）通过延长矿区生态产业链，提高排放物的利用效率。根据生态学原理，通过产品和副产品的整体规划将相关产业或部门关联在一起形成链状（网状）产业结构，达到改善生态环境和资源的最优化循环利用的目的。

（2）进行工艺设备改造，从源头上实现节能减排。推广应用煤炭开采新技术、新工艺，提高煤炭开采过程中物料的回收率，减少开采损耗；通过增加、改造设备，以煤炭生产工序的技术改造为重点，淘汰高能耗、高排放技术落后的设备，提高余热余能利用水平，提高设备的能源利用效率，达到单位煤产量生产能耗先进水平。

（3）加强环保设施建设，提高"三废"处理率。在矿区水污染综合治理上，针对所有矿井，投资建设分散配套或集中式的矿井水处理设施，矿井水处理后作为电厂、井下生产、洗煤厂等用水；对矿区锅炉安装脱 SO_2 装置，实现达标排放，提高废气处理率；对煤矸石采用建筑材料和低热值循环流化床燃烧发电进行综合利用。

（4）管理监控。主要是指矿区可通过加强能耗精细化管理，对能源利用与污染排放实行实时监控，减少因污染事故发生而带来的重大生态环境损失。

煤炭矿区节能减排基本途径如图 3-5 所示。

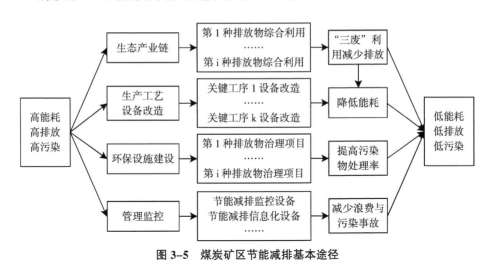

图 3-5　煤炭矿区节能减排基本途径

第二节　典型煤炭矿区能耗和排放现状分析

资源开发利用过度和生态环境治理滞后是导致煤炭矿区生态环境较差的主要原因。因此，本章将以超化矿区为实例，对其"十一五"

后三年（2008~2010 年）超化矿区的能耗和排放情况做详细分析，包括能源消费结构、主要能耗情况和设备，以及主要污染物的产生、排放与治理情况。

一、超化矿区能源消费结构

2008~2010 年，超化矿区年均生产能力 192.28 万吨，矿区年均生产总值 52664.53 万元，其主要的能源消耗有原煤、汽油、柴油、电力。表 3-7、表 3-8、表 3-9 给出了每年的能源消费情况。

表 3-7　2008 年超化矿区能源消费结构

能源种类	实物量	净费用（万元）	等价值	
			吨标煤	百分比（%）
原煤（吨）	9535.28	262.17	6811.05	27.23
汽油（升）	171004.00	36.22	183.68	0.73
柴油（升）	214857.00	106.40	269.24	1.08
电力（千瓦时）	54285366.00	2790.76	17751.31	70.96
合计		3140.56	25015.28	100.00

资料来源：超化矿区调研整理数据。

表 3-8　2009 年企业能源消费结构

能源种类	实物量	净费用（万元）	等价值	
			吨标煤	百分比（%）
原煤（吨）	10896.52	338.54	7783.38	28.53
汽油（升）	95197.00	51.45	102.25	0.37
柴油（升）	202641.45	129.99	253.93	0.93
电力（千瓦时）	58525581.00	3423.75	19137.86	70.16
合计		3850.53	27277.43	100.00

资料来源：超化矿区调研整理数据。

表 3-9　2010 年企业能源消费结构

能源种类	实物量	净费用（万元）	等价值	
			吨标煤	百分比（%）
原煤（吨）	11244.00	403.69	8031.59	28.54
汽油（升）	86787.00	43.94	93.22	0.33
柴油（升）	266213.00	135.27	333.59	1.19
电力（千瓦时）	60207949.00	3422.22	19688.00	69.95
合计		3890.23	28146.40	100.00

资料来源：超化矿区调研整理数据。

图 3-6 给出了矿区 2008~2010 年各种能源消耗量（折算成标煤）的饼图，电力和原煤是主要能耗，2008 年、2009 年、2010 年电力消耗的比例分别为 70.96%、70.16%、69.95%，煤耗的比例分别为 27.23%、28.53%、28.54%，由此可知，每年电力和煤耗的比例占总能耗比例的 98% 以上。因此，超化矿区的能耗以电力和原煤为主，而汽油和柴油消耗相对非常少。图 3-7 为矿区 2008~2010 年能源消耗总量

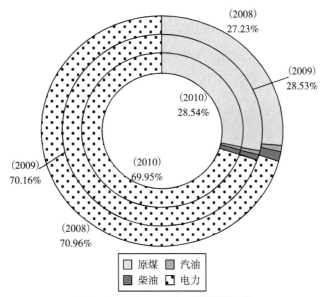

图 3-6　2008~2010 年能源消耗结构

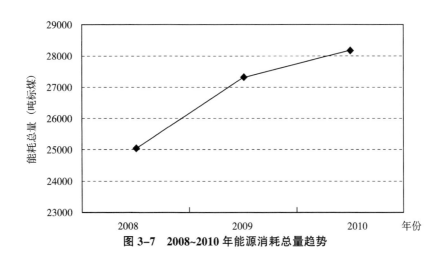

图 3-7　2008~2010 年能源消耗总量趋势

（折算成标煤）的趋势图，矿区这三年的能源消耗总量是逐年增加的，但增加的速度在减缓。

二、超化矿区主要能耗分析

1. 煤炭生产过程、能耗与排放

煤矿企业普遍的生产过程，是指人们开采地下资源的全部生产活动。它包括基本生产过程、辅助生产过程和服务性生产过程。直接从事有用矿物的生产过程被称为基本生产过程；为保证基本生产过程正常进行所从事的有关生产过程被称为辅助生产过程；为基本生产和辅助生产过程服务的各种生产服务活动过程被称为生产服务过程。根据煤层的赋存特征和开采技术条件，煤矿的开采方法有露天开采和地下开采两类，我国煤炭行业大部分为地下开采。按照生产工艺特点，煤炭矿区基本生产过程可划分为井田开拓、井巷掘进、生产准备、回采工作、井下运输及提升；辅助和服务性生产过程可划分为：井下通风与排水，动力、工业用水、材料的供应，机电设备和井巷及工业构筑物维修等。其中，主要生产过程包括掘进、回采、井下运输及提升；煤炭初加工主要包括选煤和洗煤，中国中大型煤炭矿区都配有选煤厂。原煤经过初加工后一般有直接外销、运往坑口燃煤电厂以及部分用于矿区的燃煤锅炉（坑口煤电厂节能减排不在本研究范围内），如图 3-8 所示。

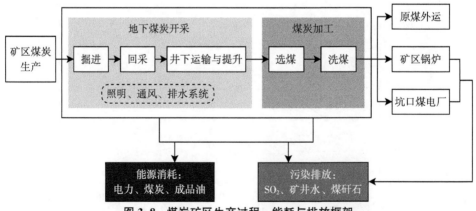

图 3-8　煤炭矿区生产过程、能耗与排放框架

煤炭矿区的能耗主要包括电力、原煤和成品油中的汽油、柴油。其中，电力主要用于煤炭生产相关设备，如掘进用的采煤机、转载机和破碎机；提升用的提升绞车；通风用的离心式风机；排水用的矿用耐磨多极离心泵等设备的消费，此外还包括办公区和场地照明。原煤消耗主要来自工业场地和生活区用于供热和供暖的锅炉。汽油用于附属生产的办公车辆用油。柴油用于矿区运输用能源消费。

煤炭矿区生产过程的排放物主要包括大气、水和固体废物。大气污染物的排放主要是矿井瓦斯，此外，地面煤矸石自燃并释放出大量 CO、CO_2、SO_2、H_2S 和 NO_x 等有害气体，其中以 SO_2 为主；锅炉和坑口电厂的燃烧也将产生大量的 CO_2 和 SO_2 等废气。煤矿开采过程会产生大量的矿井水，水中含有一些有毒元素，包括汞、铅、铬等重金属；氟化物、氰化物等无机毒物及一些有机毒物造成水体污染，不仅会污染环境，也影响到矿区人畜的用水。煤炭产生时的固体废物主要包括煤矸石、粉煤灰、炉渣等，其露天堆放占用大量土地资源和土地退化。

（1）井田开拓。在一个井田范围内，主要巷道的总体布置及有关参数的确定被称为井田开拓。井田开拓是煤炭开采的第一个步骤，在一定的矿山地质和开采技术条件下，根据矿区总体设计的原则规定，井田开拓要正确解决以下问题：确定井筒的形式、数目及其配置，合理选择井筒及工业场地的位置；合理确定开采水平数目和位置；布置大巷及井底车场；确定矿井开采程序，做好开采水平的接替；进行矿井开拓延深、深部开拓及技术改造。

矿井开拓关系到整个矿井生产的长远利益，开拓方案一经实施，若发现不合理而改动，将耽误时间，浪费巨大投资。因此，确定开拓问题，须根据国家政策，综合考虑地质、开采技术等诸多条件，经全面比较后才能确定合理的方案。

（2）井巷掘进。井田开拓确定了矿井开拓实施方案，根据合理的采区巷道布置，开凿一定数量的井筒、巷道，通达矿床或煤层，这项任务被称为井巷掘进，也被称为井巷工程。矿井井巷用于提运矿石或煤、矸石、人员、材料、设备和通风、排水、铺设管线等。不论开掘何种井巷，其主要工作都是爆破和支护。

爆破：钻凿炮眼—装药—爆破。

钻眼机械：按能源分包括电动（煤电钻）、风动、液压、内燃四种。

支护：如围岩不稳定，须进行支护。根据围岩稳定程度、涌水量、断面形状和大小、服务年限等因素，选择喷射混凝土、锚杆、金属钢筋混凝土或石材等支护形式。

超化矿区在爆破过程中，用到的材料主要有炸药、雷管、汽油、柴油、煤钻头、风钻头等，支护用到的材料主要有坑木、支护钢材、钢轨、钢管等。

（3）回采工作。综采工作面采煤工艺包括破煤、装煤、运煤、顶板管理（工作面支护和采空区处理）。

破煤：综采工作面的采煤机械有滚筒式采煤机和刨煤机两种。一般都采用双滚筒采煤机进行落煤和装煤。综采面采煤机的工作方式主要有两种：一种是前滚筒割顶煤，后滚筒割底煤并装余煤；另一种是前滚筒割底煤，后滚筒割顶煤。采煤机的截割方式有单向割煤和双向割煤两种。

装煤与运煤：综采工作面运煤都采用重型可弯曲刮板输送机。

顶板管理：综采工作面的顶板管理包括工作面支护和采空区处理两个方面。我国综采工作面支护均使用自移式液压支架，采空区处理采用全部垮落发。

综采是全部机械化的采煤作业过程，因此，各设备间的相互配套是实现高产高效的前提。工作面的成套设备由以下几个系统组成：①工作面内的采、支、运系统，包括采煤机械、液压支架、刮板输送机和端头支护设备；②运输巷道内的运煤系统，包括装载机、破碎机、可伸缩胶带输送机；③液压系统，包括乳化液泵、乳化液混溶箱及其进、回液主管路；④控制指挥系统，包括控制台、声光信号、扩音电话及其线路；⑤供水系统，包括冷却水、喷雾泵、水箱及其进、出水管路；⑥供电系统，包括高压供电线路及其连接器和开关、移动变电站、低（中）压配电开关群及其分支供电线路；⑦照明系统，包括工作面及平巷的照明灯具及其线路；⑧辅助设备，包括液压安全绞车、调度绞车、电钻、排（污）水泵等；⑨辅助运输设备，包括卡轨车或单轨吊车及其附属设备。

超化矿区在回采过程中，用到的综采设备主要有采煤机、转载机、前部运输机、后部运输机、破碎机、乳化液泵、胶带运输机、液压引采煤机、前部刮板运输机等机械设备。

（4）井下运输及提升。矿井运输与提升是煤炭生产过程中必不可少的重要环节。煤炭从回采工作面采出之后，就开始了它的运输过程。通过各种相互衔接的运输方式将煤炭从工作面运至井底车场，再经提升设备或其他运输设备提升或运至地面。此外，人员和设备等也需要运送。矿井运输与提升的耗电量一般是矿井生产总耗电量的 50%~70%。因此，合理地选用运输和提升设备，使之安全可靠、经济地运转，对保证矿井安全生产、降低煤炭的成本具有重要的意义。

运输和提升方式的选择，主要取决于煤层的埋藏特征、井田的开拓方式、采煤方法及运输工作量的大小。井下常用的运输方式有输送机运输和轨道运输。矿井的主、副井提升通常采用绞车提升，在倾角小于 17°且运输量大的斜井也常采用输送机运输。

煤矿常用的输送机有刮板输送机和带式输送机两类。轨道运输分为人力运输和机械运输，机械运输又可分为钢丝绳运输和机车运输。在矿井轨道运输中，除电机车、矿车、绞车等主要设备外，还有翻车机、推车机、阻车器和爬车器等辅助机械设备。普通罐笼提升系统由提升机（绞车）、钢丝绳、提升容器（罐笼）、井架、天轮、罐道及辅助设备组成。矿井提升机是矿井提升设备的传动机械。它把电动机发出的机械通过提升钢丝绳传递给提升容器而实现容器的升降运动，以达到提升货载的目的。矿井提升机有单绳缠绕式和多绳摩擦式两类，是矿井提升设备最重要的组成部分。

超化矿区在井下运输及提升环节用到的井下运输设备主要有刮板输送机、胶带运输机、提升绞车等。

（5）矿井通风。煤矿生产是地下作业，自然条件比较复杂，只有少数井巷与地面相通。因此，矿井通风是保证矿井安全最主要的技术手段之一，在矿井建设和生产过程中必须源源不断地将地面空气输送到井下各个用风地点。将机械或自然压差作为动力，使地面新鲜空气定量进入井下，并在井巷中沿既定的路线流动，最后将污浊空气排出矿井的全过程被称为矿井通风。

机械风压和自然风压是矿井通风的动力，用以克服各种通风阻力，促使空气流动。机械通风是矿井通风的主要动力，机械通风所用的机械被称为通风机，按其服务范围可以分为：

主要通风机（主扇），主要用于全矿井或矿井的一翼（部分）。

辅助通风机（辅扇），主要服务于矿井网络的某一分支（如采取或工作面），帮助主要通风机供风以保证该分支的风量。

局部通风机（局扇），主要用于独头掘进的井巷等局部地区通风。

矿用通风机按其构造又可分为离心式通风机和轴流式通风机。

超化矿区用到的通风设备类型主要有离心式风机、地面抽出式防爆矿用轴流风机、轴流风机三种不同规格的风机。

（6）矿井防水和排水。在矿井建设和生产过程中，地面水和地下水都可能通过各种通道涌入矿井，我们将所有涌入矿井的水统称为矿井水。为了保证矿井建设和生产正常进行。必须采取有效措施防止水进入矿井，或将进入矿井的水排至地表。前者称为防水，后者称为排水。当矿井涌水超过正常排水能力时，就可能造成水灾，给矿井建设和生产带来严重后果，甚至威胁井下人员的生命安全。因此，矿井水防治必须坚持"以防为主，防排结合"的方针。

矿井排水通常是指将涌入矿井的水流集中起来并排至地面。矿井排水方式可分为自流式和扬升式两种。在地形允许的条件下，利用自流排水是最经济、最可靠的方法。但它受地形条件限制，多数矿井没有这种条件，需要采用扬升式排水。

扬升式排水是借助于水泵将水排至地面，可分为固定式和移动式两种。井下水泵一般采用固定式；在平巷掘进时，采用移动水泵，在巷道低洼处开掘水窝将水排除；在掘进竖井和斜井时，把水泵吊在专用钢丝绳上，随掘进工作面前进而移动。

目前，矿井所采用的排水设备，多为卧式电动离心式水泵。

超化矿区在主排水系统中，主要使用矿用耐磨多极离心泵来实现矿井水的治理。

2. 主要能耗设备

煤矿企业一般都拥有种类繁多的设备，包括生产工艺设备、辅助生产设备、科学研究设备和管理设备等。一般矿产企业的生产设备包括：掘进设备、运输设备、提升设备、通风设备、排水设备、压缩空气设备等。这些设备靠电力维持，也是企业节能减排的重头戏。因为企业绝大多数能源都耗费在生产设备上面，有效率的设备可以控制动力的耗费和废物的排放。除了这些电力设备之外，还有供热设备，矿区分别在工业场地和生活区内设有锅炉。图 3-9 给出了超化矿区煤炭生产过程中所涉及的材料和电力设备等。

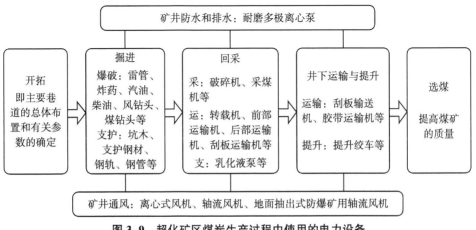

图 3-9　超化矿区煤炭生产过程中使用的电力设备

（1）电力设备。超化矿主要设备类型有主提升系统、主通风系统、主排水系统、主压风系统、强力胶带、综采设备。

按设备的规格型号，主提升系统有三种不同规格的提升绞车，共有 3 台，总功率为 1335 kW；主通风系统有 3 种不同规格的风机，每种规格各有 2 台，但投入生产的只有 1 台，另 1 台留作备用，可使用的总功率为 972 kW；主排水系统有 5 种不同规格的耐磨多极离心泵，共有 35 台，其中投入生产的总功率为 7620kW；主压风系统只有一种规格的压缩机，共有 4 台，可用功率为 750kW；强力胶带有 7 种不同规格的胶带运输机，共有 7 部，使用功率为 4000kW；综采工作面上使用的设备有采煤机、转载机、运输机、破碎机、乳化液泵，总功率为 7077kW。这些设备平均每天工作 22 小时，各种类型设备每年消耗的电量如表 3-10 所示，电耗比例如图 3-10 所示。从中可知，主排水系统的耗电量最大，约占 35.03%；其次是综采工作面上的设备，约占

表 3-10　各种类型设备年用电量

序号	设备名称	投入生产的总功率（kW）	年用电量（kWh）	所占比例（%）
1	主提升系统	1335	1072.01×10^4	6.14
2	主通风系统	972	780.52×10^4	4.47
3	主排水系统	7620	6118.86×10^4	35.03
4	主压风系统	750	602.25×10^4	3.45
5	强力胶带	4000	3212.00×10^4	18.39
6	综采工作面上设备	7077	5682.83×10^4	32.53
合计		21754	17468.46×10^4	100.00

资料来源：超化矿区调研整理数据。

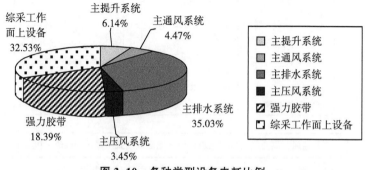

图 3-10　各种类型设备电耗比例

32.53%。而运输设备又是综采工作面上耗电最多的，如图 3-11 所示，运输设备的耗电量在综采总耗电量中所占的比例约为 49.06%。

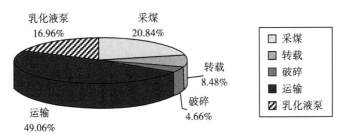

图 3-11　综采面上各种设备的电耗比例

（2）供热设备。矿区在主副井工业场地和生活区都设有锅炉，主要用于供热。锅炉的规格型号、数量以及年耗煤量等，见表 3-11。

表 3-11　锅炉设备

序号	位置	年耗煤量（t）
1	主副井工业场地锅炉房	5500
2		
3	生活区锅炉房	5815
4		

资料来源：超化矿区调研整理数据。

目前，主副井工业场地锅炉房内设 DZL6-1.25-AII.PN 锅炉 1 台和 DZL4-13-WII 锅炉 3 台，锅炉容量共计 18t/h。采暖期 1 台 6t 锅炉和 1 台 4t 锅炉运行，每天运行 20h，采暖期为 4 个月，非采暖期运行 1 台 4t 锅炉，每天运行 10h，非采暖期为 8 个月。3 台 4t 锅炉烟气均采用麻石水膜除尘，6t 锅炉采用旋风除尘器除尘，2008 年 9 月对 6t 锅炉新增双碱法脱硫，处理后通过 45m 高的烟囱排空，年耗煤量约为 5500t。

目前，生活区设有集中采暖锅炉房，内设 DZL6-1.25-AII.PN 锅炉 2 台和 DZL4-13-WII 锅炉 2 台，锅炉容量共计 20t/h。采暖期 2 台 6t 锅炉运行，每天运行 20h，采暖期为 4 个月，非采暖期运行 1 台 4t 锅炉，每天运行 10h，非采暖期为 8 个月。4 台锅炉的烟气均采用麻石水膜除尘器处理，2008 年 9 月对 2 台 6t 锅炉新增双碱法脱硫，处理后通过

45m 高的烟囱排空，年耗煤量约为 5815t。

3. 主要能源消耗

综合 2008~2010 年的各种能源消耗量，主要生产系统耗用 57813.08 吨标准煤，辅助生产系统耗用 22626.02 吨标准煤，其中主要生产系统能耗占总能耗的 71.87%，如表 3-12 所示。

表 3-12 2008~2010 年矿区能源消耗流向表

项目	名称	主要生产系统	辅助生产系统
原煤（吨）	实物量		31675.80
	折标量		22626.02
汽油（千瓦时）	实物量	352988.00	
	折标量	379.15	
柴油（升）	实物量	683711.45	
	折标量	856.76	
电力（升）	实物量	173018896.00	
	折标量	56577.17	
折标合计		57813.08	22626.02
所占比例（%）		71.87	28.13

注：折标量是折标煤的吨位数。
资料来源：超化矿区调研整理数据。

三、超化矿区污染排放与综合利用

对超化矿区的实际情况进行分析，矿区的主要污染排放物有废气、固体废弃物和废水。其中，废气包括 SO_2、烟尘和粉尘，固体废弃物主要是煤矸石，废水包括矿井水和生活污水。下面将对这些污染物的排放与综合利用情况进行分析。

1. 废气

（1）锅炉房污染物排放与治理。根据超化矿区的大气污染源，排放的有害有毒气体主要是锅炉房的烟气、SO_2、烟尘和露天储煤场、矸石场无组织粉尘排放及运煤铁路线的扬尘。根据《锅炉大气污染物排放标准》（GB13271—2001），这些有害气体的排放并没有达到排放的标准。

超化矿区锅炉污染物排放量见表 3-13。由表可知矿区对于主副井工业场地锅炉房的锅炉配备除尘和脱硫设备，3 台 4t 的锅炉配置麻石水膜除尘器，1 台 6t 的锅炉配有旋风除尘器与双碱法脱硫设备，在排放的烟囱上还安装 SO_2 在线监测装置。采暖期烟气、SO_2、烟尘的排放量分别为 $4.57 \times 10^7 m^3/a$、21.99 t/a、54.70t/a，SO_2 和烟尘的排放浓度分别为 481.11mg/m^3、1196.8mg/m^3；除尘脱硫后，SO_2 和烟尘的排放量分别为 11.33t/a、7.69t/a，排放浓度分别为 168.3mg/m^3、247.86mg/m^3。非采暖期烟气、SO_2、烟尘排放量分别为 $1.83 \times 10^7 m^3/a$、8.80 t/a、21.88t/a，SO_2 和烟尘排放浓度分别为 481.11mg/m^3、1196.8mg/m^3；除尘脱硫后，SO_2 和烟尘的排放量分别为 7.48t/a、3.08t/a，排放浓度分别为 408.94mg/m^3、172.3mg/m^3。

表 3-13　矿区锅炉污染物产排情况

污染源		污染物	产生浓度及产生量	排放浓度及排放量
主副井工业场地锅炉房	采暖期	烟气量	$4.57 \times 10^7 m^3/a$	$4.57 \times 10^7 m^3/a$
		SO_2	481.11mg/m^3，21.99t/a	247.86mg/m^3，11.33t/a
		烟尘	1196.8mg/m^3，54.70t/a	868.3mg/m^3，7.69t/a
	非采暖期	烟气量	$1.83 \times 10^7 m^3/a$	$1.83 \times 10^7 m^3/a$
		SO_2	481.11mg/m^3，8.80t/a	408.94mg/m^3，7.48t/a
		烟尘	1196.8mg/m^3，21.81t/a	172.3mg/m^3，3.08t/a
生活区锅炉房	采暖期	烟气量	$5.48 \times 10^7 m^3/a$	$5.48 \times 10^7 m^3/a$
		SO_2	481.11mg/m^3，26.39t/a	140.48mg/m^3，17.70t/a
		烟尘	1246.6mg/m^3，68.37t/a	186.7mg/m^3，10.24t/a
	非采暖期	烟气量	$1.83 \times 10^7 m^3/a$	$1.83 \times 10^7 m^3/a$
		SO_2	481.11mg/m^3，8.80t/a	408.94mg/m^3，7.48t/a
		烟尘	1246.6mg/m^3，21.81t/a	172.3mg/m^3，3.08t/a
合计		烟气量	$13.71 \times 10^7 m^3/a$	$13.71 \times 10^7 m^3/a$
		SO_2	65.98t/a	43.99t/a
		烟尘	166.68t/a	24.09t/a

资料来源：超化矿区调研整理数据。

矿区对于生活区锅炉房的每台锅炉均配置麻石水膜除尘器，6t 锅炉还配有双碱法脱硫设备，也安装 SO_2 在线监测装置。采暖期烟气、SO_2、烟尘排放量分别为 $5.48 \times 10^7 m^3/a$、26.39t/a、68.37t/a，排放浓度为：SO_2 481.11mg/m³，烟尘 1246.6mg/m³；除尘脱硫后，烟尘和 SO_2 的排放浓度分别为 186.7mg/m³、140.48mg/m³，烟尘和 SO_2 的排放量分别为 10.24t/a、7.70t/a。非采暖期烟气、SO_2、烟尘排放量分别为 1.83×10^7m³/a、8.80t/a、21.81t/a，SO_2 和烟尘排放浓度分别为 481.11mg/m³、1246.6mg/m³；除尘脱硫后，SO_2 和烟尘的排放量分别为 7.48t/a、3.08t/a，排放浓度分别为 408.94mg/m³、172.3mg/m³。综上所述，超化矿区烟气排放总量为 13.71×10^7m³/a，烟尘和 SO_2 的排放量分别为 24.09t/a、43.99t/a。

（2）煤粉尘和扬尘的治理。矿区对煤粉尘的治理则是采取在储煤场四周设 12 个摇臂式喷头用以定期洒水以达到抑尘的效果。而矸石场也设有洒水设施，并且对其进行绿化，矸石山绿化率达 40%，树木平均成活率为 75%，起到了防风、固坡、抑尘的作用。对运煤铁路线也进行洒水、绿化、加盖帆布等，用这些措施来控制煤炭运输中的扬尘。

2. 固体废弃物

超化矿区固体废弃物主要有煤矸石、锅炉灰渣和煤泥及生活垃圾。

（1）煤矸石排放及其综合利用。现有工程煤矸石排放量为 180000t/a，除一部分用于修路外，其余均堆存在矸石场，存量约 2003200t。技改后，超化矿区生产能力为 1200000t/a，矸石产生量为 120000t/a。产生矸石全部运往矸石场临时堆存，定期运往郑州净洁馨建材有限责任公司制砖。

（2）锅炉灰渣、煤泥。超化矿区共有两个锅炉房。主副井锅炉房锅炉灰渣产生量为 1100t/a、煤泥产生量为 375t/a；生活区锅炉房锅炉灰渣产生量为 1163t/a、煤泥产生量为 395t/a。锅炉灰渣与煤矸石一同运往郑州净洁馨建材有限责任公司综合利用，煤泥全部出售。

（3）生活垃圾。主副井工业场地办公生活垃圾产生量为 654t/a，生活区生活垃圾产生量为 1960t/a，定期运往超化镇垃圾填埋场。

3. 废水

目前，超化矿区废水主要来源于矿井排水、主副井工业场地生产生活排放污水和生活区污水。

（1）矿井排水及其综合利用。矿井水正常涌水量为 500m³/h，即 12000m³/d 经井底水仓由副井泵出地面，排入主副井工业场地西南角的矿井水处理站，经处理后再进行外排。主要污染物为 COD（化学需氧量）、SS（悬浮物）、全盐量、硫化物，COD 和 SS 的产生量分别为 258.42t/a、SS917.61 t/a，排放浓度分别为 59.0mg/L、209.5 mg/L。

矿井水在主副井工业场地西南角的矿井水处理站，经加药絮凝及斜管沉淀池处理后，部分（2420m³/d）用于主副井工业场地绿化及浇洒道路、储煤场和矸石场洒水等，部分（1998.93m³/d）泵入矿井水深度净化处理系统进行深度处理，处理后供主副井工业厂和生活区生产生活使用，剩余部分（7338.65m³/d）排入主副井工业场地外的麻河，麻河上设截水坝，然后经管道排入排污口北 4 千米处的东方红渠，用于附近的农田灌溉。主要污染物 COD、SS、全盐量、硫化物的排放浓度分别为 45mg/L、40mg/L、295mg/L、0.5mg/L，满足《农田灌溉水质标准》（GB5084—2005）中旱作物的标准。

（2）主副井工业场地生活污水排放量及其综合利用。主副井工业场地废水主要为生活污水和锅炉除尘水。生活污水排放量约 600.96m³/d，其中，办公楼、宿舍等生活污水约为 214.59m³/d，采用化粪池处理后与洗浴废水一起排入矿井水处理系统同矿井水一同混合处理。其主要污染物有 COD、SS，产生量分别为 31.33t/a、8.73t/a，排放浓度分别为 158mg/L、44mg/L。经加药、絮凝、斜管沉淀处理工艺后，出水水质为：COD45mg/L、SS40mg/L，满足《农田灌溉水质标准》（GB5084—2005）中旱作标准，用于附近的农田灌溉。

锅炉房除尘水量约为 30.30m³/d，经沉淀加药处理后全部循环利用不外排。

（3）生活区生活污水排放及其综合利用。生活区废水主要为生活污水和锅炉房除尘水。生活污水排放量约 775.76m³/d，主要污染物有 COD、SS、BOD₅，COD 和 SS 的产生量分别为 44.75t/a、12.46t/a，排放浓度分别为 158mg/L、44mg/L。生活污水经生活区污水处理站采用二级沉淀工艺处理后经生活区场外排污沟排入麻河，经麻河汇入双泊河。COD、SS、BOD_5 的排放浓度分别为 114mg/L、32.28mg/L、45mg/L，除 BOD_5 外，其他因子浓度均满足《污水综合排放标准》（GB897—1996）二级标准要求。

锅炉房除尘水约为 42.42m^3/d，经沉淀加药处理后全部循环利用不外排。

超化矿区污水排放浓度及排放量见表 3-14。

表 3-14 矿区水污染物排放情况

污染源	污染因子	产生浓度及产生量	排放浓度及排放量
矿井排水	废水量	438m^3/a	267.86m^3/a
	COD	59.0mg/L，258.42t/a	45mg/L，180.54t/a
	SS	209.5mg/L，917.61t/a	40mg/L，807.14t/a
工业场地生产生活污水	废水量	19.83m^3/a	19.83m^3/a
	COD	158mg/L，31.33t/a	45mg/L，18.92t/a
	SS	44mg/L，8.73t/a	40mg/L，7.93t/a
生活区生活污水	废水量	28.32m^3/a	28.32m^3/a
	COD	158mg/L，44.75t/a	114mg/L，32.28t/a
	SS	44mg/L，12.46t/a	32mg/L，9.06t/a
合计	废水量	486.15m^3/a	316.01m^3/a
	COD	334.5t/a	171.74t/a
	SS	938.8t/a	824.13t/a

资料来源：超化矿区调研整理数据。

这一小节对超化矿区 2008~2010 年能源消耗与污染排放情况进行了分析。通过对矿区能源消费结构的分析，发现超化矿区主要的能耗是电力和原煤，汽油和柴油消耗相对较少。通过对主要设备的能耗分析，在电力设备中，综采工作面上的设备和主排水系统设备是主要的电力消耗设备，而原煤的消耗主要是用于锅炉燃烧。矿区的污染物有 SO_2、烟尘、粉尘、废水和固废。

第三节　煤炭矿区节能减排潜力估计

为了更有效地制定节能减排策略，仅了解矿区煤炭生产过程中主要的耗能设备和污染物排放情况是不够的，还需要弄清矿区当前的煤炭生产效率、能源利用效率、减排水平，以及能源消费结构对能源效率的影响。

目前，关于节能减排潜力的研究主要有两种方法：一是基于数据包络分析（DEA）测算能源利用效率和节能减排潜力[202~207]；二是基于环境学习曲线研究资源消耗或污染物排放随生产过程进行的变化规律[208~211]。

DEA 是一种数学规划方法，由美国著名运筹学家 Charmes、Cooper 和 Rhodes[212] 于 1978 年提出，用于评价具有相同类型投入和产出的几组决策单元（DMU）之间的相对有效性。此方法利用投入产出数据构建最佳生产前沿面，计算各决策单元的相对效率值，是评价多投入、多产出决策单元相对有效性的多目标决策方法。因此，DEA 在处理多输出—多输入的有效性评价方面具有绝对优势；无须对数据进行无量纲化处理；权重的确定以决策单元输入输出的实际数据求得，排除了很多主观因素，具有很强的客观性；所要求的样本量较少。

环境学习曲线是一种计量经济学方法，它通过样本数据学习，得到能耗或排放与期望产出之间的关系，侧重于减排的研究。这种方法需要大量的样本，而且对样本的相关性、时间序列等指标有较高的要求。与 DEA 相比较而言，DEA 的适用性更广。

因此，这里将采用 DEA 估计煤炭矿区的节能减排潜力。

一、节能减排潜力估计

构建 DEA 模型主要包括三项工作：投入产出指标体系的选取、非期望产出的处理、具体模型的选择。

1. 投入产出指标确定

关于能源效率和节能潜力的分析已有大量的研究，总结起来，投入指标有四类：资本存量、劳动力投入、能源消耗、环境效应。产出指标大多是经济产出，也有减排成果，经济产出一般用地区 GDP 或产量衡量，减排成果用污染物的削减量反映。

2. 非期望产出的处理

生产单元在生产和能源利用的过程中，往往伴随各类环境污染物的排放，如温室气体、二氧化硫、废水、固体废弃物等，对经济产出是一种负面影响。因此，生产单元的产出包括两大类：一类是期望产出，如 GDP；另一类是非期望产出，即环境污染物[204]。在已有文献中，处理非期望产出的方法非常多，如曲线测度评价[213]、数据转换处理法[214]、污染物作投入处理法[215]、方向性距离函数法[216] 等。曲线测度虽然弥补了径向测度的不足，但它用非线性规划求解，比较烦琐；数据转换法通过转换函数进行数据转换，可能破坏 DEA 模型的基本要求，实用性不强；方向性距离函数法需要决策者的主观偏好，主观性较强[217]。基于此，本书采用应用较为广泛的污染物作投入处理法，将污染物作为环境投入指标。

针对煤炭矿区的实际情况和数据可获性，本书最终确定将煤炭产量作为产出指标，用能源消耗和环境效应作为投入指标，其中能源消耗包括原煤消耗量、汽油消耗量、柴油消耗量、电力消耗量，环境效应包括二氧化硫排放量、矿井水排放量、煤矸石排放量。

3. 模型的选择

DEA 一般有 CCR、BCC、FG、ST 等模型[218]，其中 CCR 是第一个被提出来的模型，应用范围最为广泛。本书将污染排放物作为环境投入指标，以减少能源投入和污染排放为目标，故这里选择基于投入DEA模型CCR–DEA来估计矿区的节能减排潜力，一般模型如下：

$$\min \theta$$

$$\text{s.t.} \begin{cases} \sum_{k=1}^{K} X_k \cdot \lambda_k + S^- = \theta \cdot X_0 \\ \sum_{k=1}^{K} Y_k \cdot \lambda_k - S^+ = Y_0 \\ \lambda_k \geq 0, \ k = 1, 2, \cdots, n; \ S^+, S^- \geq 0 \end{cases} \quad (3-1)$$

二、超化矿区节能减排潜力估计

这里试图将"十一五"期间整个煤炭行业和超化矿区的投入产出作为决策单元DMU，但是在《中国统计年鉴》的行业统计数据中，煤炭开采和洗选的能耗和排放数据是作为一个整体统计的，无法将作为生产投入要素的煤炭从煤炭消耗中剥离。故本书将超化矿区每年的煤炭生产过程作为决策单元DMU，评价2008~2010年煤炭生产的相对效率。产出指标为煤炭产量，投入指标为相应的能源消耗和污染排放，具体数据如表3–15所示。

表3–15 DEA模型输入输出指标体系

年份	输入							输出
	能源输入				非期望输出			
	原煤（吨）	汽油（升）	柴油（升）	电力（千瓦时）	二氧化硫（吨）	矿井水（万吨）	煤矸石（万吨）	煤炭产量（万吨）
2008	9535.28	171004	214857.00	54285366	35.8	76.5	7.4	201.7
2009	10896.52	95197	202641.45	58525581	33.2	68.8	6.5	200.1
2010	11244.00	86787	266213.00	60207949	30.0	60.4	4.3	205.0

将这些数据在MaxDEA6.0上进行计算，得到结果如表3–16所示。可以得出，超化矿区目前的生产效率处在最优的生产前沿上，所有的投入产出已经达到最佳的状态，无论增加还是减少投入，矿区的规模效益不变，即矿区在当前的生产效率下，进一步提高节能减排效果只

能通过减少煤炭产量这一途径。因此，矿区煤炭产量基本不变的要求需要通过提高生产效率改变生产前沿面来实现。

表3-16　DEA模型分析结果

DMU	θ	k	规模效益值
2007	1	1	不变
2008	1	1	不变
2009	1	1	不变

本书试图通过投资一些节能设备或综合治理利用项目，以提高能源利用效率，减少污染排放，达到"十二五"规划节能减排的目标。

本章小结

在对我国煤炭矿区的节能减排基本情况了解的基础上，详细分析了超化矿区的能源消耗和污染排放情况，从中了解到矿区主要消耗原煤、汽油、柴油、电力四种能源，排放物主要有二氧化硫、矿井水、煤矸石。利用CCR-DEA模型对矿区的能源利用效率和节能潜力进行了评价和估计，表明矿区当前处于最优的生产前沿，能源利用效率已达到最大化，进一步实施节能减排需要采取减少煤炭产量以外的途径。

第四章　煤炭矿区节能减排
静态多目标优化

　　根据矿区煤炭生产的一般流程，主要能耗和排放的关键工序分别是掘进、回采、提升、选煤。本书考虑煤炭产量、能源消耗量、污染物排放量三个目标，在满足投资资金、矿区煤炭总资源量、各工序之间产量的关系、"十二五"规划关于煤炭工业能耗和排放的标准等约束条件，针对这四个关键工序建立节能减排静态多目标优化模型。

第一节　静态多目标优化模型的构建

一、目标和约束条件

1. 目标函数

　　煤炭工业在以往的发展过程中，关注得最多的是经济效益，即矿区的煤炭产量。往往忽视了持续攀升的能源投入和超负荷的环境承载力。因此，煤炭矿区的节能减排投资合理配置问题必须同时考虑收益和成本两个问题，不能一味地追求经济的增长。而过分强调能源和环境效应，不考虑经济效益，也是不现实的。鉴于此，本书同时考虑经济效益、能源效益、环境效益三个目标，对煤炭矿区的节能减排投资进行优化配置。

（1）经济效益目标。作为生产性企业，追求经济效益最大化是其根本。因此，经济效益目标是煤炭矿区节能减排投资模型中一个重要的目标函数。煤炭矿区在"选煤"工序得到的煤炭有两个去向，小部分会进行"洗煤"操作，而大部分则直接销售出去，产生经济效益。由于煤炭价格受市场供求影响波动比较大，煤炭矿区的经济效益可以用规划期内"选煤"工序后的煤炭累积产量来进行衡量。

$$\max f_1 = \sum_{t=1}^{T} X_{t,4} \tag{4-1}$$

式中，T 为煤炭矿区进行节能减排投资的计划年数；$X_{t,n}$ 为第 t 年第 n 道关键工序的煤炭产量，n = 1，2，3，4 分别表示煤炭生产时掘进、回采、井下运输与提升、选煤四道关键工序，这里 n = 4，即 $X_{t,4}$ 表示第 t 年"选煤"工序后的煤炭产量。

（2）能源效益目标。能源对经济的发展起着巨大的推动作用，然而随着时间的推移，大部分能源开采已经进入中后期，开采成本越来越高，产量呈递减规律，已经不能满足日益增长的经济需求。这就需要在发展经济的同时，通过提高能源的利用效率，减少能源的消耗。煤炭矿区煤炭生产的能源效益可以用能源消耗量来衡量。通过节能减排投资，对煤炭矿区能耗关键工序的生产设备进行改造以减少该工序的能源消耗量。在节能改造后，煤炭生产能源消耗的目标函数如下：

$$\min f_2 = \sum_{t=1}^{T} \sum_{n=1}^{N} \sum_{i=1}^{I} (e_{t,n,i} \times X_{t,n} - es_{t,n,i} \times Y_{t,n} \times X_{t,n}) \tag{4-2}$$

式中，I 表示煤炭生产过程中消耗的能源种类数，i = 1，2，3，4 分别为电力、原煤、汽油和柴油。N 表示总工序数。$Y_{t,n}$ 表示第 t 年就第 n 道关键工序设备是否进行节能改造。其中，$Y_{t,n} = 0$，表示第 t 年对第 n 道关键工序设备不进行节能改造；$Y_{t,n} = 1$，表示第 t 年对第 n 道关键工序设备进行节能改造。$e_{t,n,i}$ 表示第 t 年之前对第 n 道关键工序设备可能进行节能改造，在此条件下，$e_{t,n,i}$ 即第 t 年对第 n 道关键工序的第 i 种能源的单位消耗量。$es_{t,n,i}$ 表示第 t 年对第 n 道关键工序设备进行节能改造后，第 i 种能源节省的单位消耗量，这里将根据煤炭主要生产设备的产能和能耗进行估计。

（3）环境效益目标。目前，绿色经济已经成为经济全球化倡导的一个主题，改善环境无疑与发展经济同等重要。本书考虑煤炭产业与能源、环境协调发展的综合目标，环境效益目标自然是煤炭矿区节能减排投资优化模型中的一个重要目标。煤炭矿区在煤炭的生产过程中会产生废水、固体废弃物、SO_2、烟尘、粉尘等污染物。为了促进环境与煤炭产业的协调发展，矿区可以投资一些项目来治理或综合利用这些排放物，减少煤炭生产过程中各种污染物的最终排放量。经过治理或综合利用，煤炭生产中污染物排放量的目标函数如下：

$$\min f_3 = \sum_{t=1}^{T} \sum_{n=1}^{N} \sum_{i=1}^{I} \left\{ p_{t,n,l} \times X_{t,n} \times \left[1 - \sum_{k=1}^{K} \left(\alpha_{t,k,l} \times Z_{t,k} \right) \right] \right\} \tag{4-3}$$

式中，I 为煤炭生产过程中排放物的种类数。K 为对煤炭生产过程中产生的排放物进行治理或综合利用的项目种类总数。$Z_{t,k}$ 为第 t 年对第 k 种治理或综合利用项目是否进行投资。其中，$Z_{t,k} = 0$，表示第 t 年对第 k 种治理或综合利用项目不进行投资；$Z_{t,k} = 1$，第 t 年对第 k 种治理或综合利用项目进行投资。$p_{t,n,l}$ 为第 t 年之前可能投资了一些项目，从而对煤炭生产过程中产生的污染物进行治理和合理利用，在此条件下，$p_{t,n,l}$ 即第 t 年对第 n 道关键工序的第 l 种污染物的单位排放量。$\alpha_{t,k,l}$ 为第 t 年投资第 k 种治理或综合利用项目对第 l 种污染物的减少与利用率，本书将参照"十二五"规划中关于污染物的治理标准。

2. 约束条件

（1）各工序产量之间的约束。掘进工序是为回采工序正常回采煤炭而提前进行的生产活动，主要包括开切眼、探煤、找煤以及运输、运料等活动。回采工序则是指从已经完成采准和切割工作的煤炭矿块中产出煤炭的过程。

煤炭矿区的井下运输与提升是针对掘进和回采得到煤炭而言的，故有：

$$X_{t,3} < X_{t,1} + X_{t,2} \tag{4-4}$$

选煤是煤炭深加工中一道重要的工序，通过提升工序获取的煤炭为原煤，而原煤中混入了很多杂质，且煤炭的品质也不一样，选煤就是通过化学处理或机械加工的方法，将原煤中的有害杂质剔除，回收伴生矿物，从而改善煤的质量，为不同用户提供符合其要求的煤炭产品或伴生矿物。故有：

$$X_{t,3} > X_{t,4} \tag{4-5}$$

（2）煤炭资源总量约束。在煤炭矿区对煤炭资源进行开采时，由于技术和成本的原因，有一部分难采储量未被全部开采出来，而且可采储量在开采的过程中会产生损耗。因此，通过"掘进"和"回采"工序得到的煤炭产量之和相对于矿区煤炭总资源量是有相当一部分损耗的。

$$\frac{\sum\limits_{t=1}^{T}(X_{t,1} + X_{t,2})}{0.45} < RES \tag{4-6}$$

式中，RES 为煤炭矿区资源总量。

（3）节能减排总投资资金量约束。为了提高煤炭矿区的能源效益和环境效益，可以对关键工序的生产设备进行节能改造或对排放物进行治理或综合利用，达到节能减排的目的。但是，节能减排不能只考虑能源效益和环境效益，也要考虑成本。为了节约成本，提高节能减排的效率，投资煤炭矿区关键工序设备进行节能改造的资金和投资治理或综合利用排放物的项目的资金之和需要满足一个投资总金额的约束：

$$\sum\limits_{t=1}^{T}\sum\limits_{n=1}^{N} IY_{t,n} \times Y_{t,n} + \sum\limits_{t=1}^{T}\sum\limits_{k=1}^{K} IZ_{t,k} \times Z_{t,k} \leq C \tag{4-7}$$

式中，C 为允许投资进行设备节能改造和治理或综合利用排放物项目的最大资金额；$IY_{t,n}$ 为第 t 年第 n 道关键工序设备节能改造的投资费用；$IZ_{t,k}$ 为第 t 年第 k 种治理或综合利用排放物项目的投资费用。

（4）污染治理或综合利用率约束。各种污染治理或综合利用率最高只能达到 100%，要求利用率累计提高不能超过 100%，即

$$\sum_{k=1}^{K} (\alpha_{t,k,l} \times Z_{t,k}) \leqslant 1 \tag{4-8}$$

（5）非负约束：

$$X_{t,n} \geqslant 0 \tag{4-9}$$

（6）其他约束：

$$Y_{t,n} = 0，1 \tag{4-10}$$

$$Z_{t,n} = 0，1 \tag{4-11}$$

二、模型简化

由式（4-2）可知，变量 $e_{t,n,i}$ 是建立在第 t 年之前可能曾经对第 n 道关键工序设备进行节能改造的，故它相对于从未进行节能改造时第 t 年第 n 道关键工序对第 i 种能源的单位消耗量 $e1_{t,n,i}$ 是发生了变化的。同理，$p_{t,n,l}$ 相对于第 t 年第 n 道关键工序第 l 种污染物的单位排放量 $p1_{t,n,l}$ 也发生了改变。

$e_{t,n,i}$ 相对于 $e1_{t,n,i}$ 变化的大小与第 1 年到第 t-1 年第 n 道关键工序是否进行节能改造有关，通过迭代计算出：

$$\begin{cases} e_{t,n,i} = e1_{1,n,i} & \text{if } t = 1 \\ e_{t,n,i} = e1_{t,n,i} - \sum_{h=1}^{t-1} es_{h,n,i} \times Y_{h,n} & \text{if } t \geqslant 2 \end{cases} \tag{4-12}$$

$p_{t,n,l}$ 相对于 $p1_{t,n,l}$ 变化的大小与第 1 年到第 t-1 年第 n 道关键工序是否进行污染物治理或综合利用有关，通过迭代计算出：

$$
\begin{cases}
p_{t,n,l} = p1_{1,n,l} & \text{if } t = 1 \\
p_{t,n,l} = p1_{t,n,l} \times \prod_{h=1}^{t-1} \left(1 - \sum_{k=1}^{K} \alpha_{h,k,l} \times Z_{h,k} \right) & \text{if } t \geq 2
\end{cases}
\tag{4-13}
$$

于是，可以将式（4-12）和式（4-13）代入建立的多目标模型中，当 $t \geq 2$ 时，简化后的模型如下：

$$
\max f_1 = \sum_{t=1}^{T} X_{t,4}
$$

$$
\min f_2 = \sum_{t=1}^{T} \sum_{n=1}^{N} \sum_{i=1}^{I} \left(e1_{t,n,i} - \sum_{h=1}^{t} es_{h,n,i} \times Y_{h,n} \right) \times X_{t,n}
$$

$$
\min f_3 = \sum_{t=1}^{T} \sum_{n=1}^{N} \sum_{l=1}^{L} p1_{t,n,l} \times \prod_{h=1}^{t} \left(1 - \sum_{k=1}^{K} \alpha_{h,k,l} \times Z_{h,k} \right) \times X_{t,n}
$$

$$
\text{s.t.} \quad
\begin{cases}
\dfrac{\sum_{t=1}^{T} \left(X_{t,1} + X_{t,2} \right)}{R} < RES \\[4mm]
\sum_{t=1}^{T} \sum_{n=1}^{N} IY_{t,n} \times Y_{t,n} + \sum_{t=1}^{T} \sum_{k=1}^{K} IZ_{t,k} \times Z_{t,k} \leq C \\[4mm]
X_{t,3} < X_{t,1} + X_{t,2} \\[2mm]
X_{t,3} > X_{t,4} \\[2mm]
\sum_{k=1}^{K} \left(\alpha_{t,k,l} \times Z_{t,k} \right) \leq 1 \\[4mm]
X_{t,n} \geq 0 \\[2mm]
Y_{t,n} = 0, \ 1 \\[2mm]
Z_{t,n} = 0, \ 1
\end{cases}
\tag{4-14}
$$

三、约束条件的处理

简化后的模型是一个约束优化问题，在求解这种问题之前，通常需要对约束条件进行处理。与以往的转化为无约束优化问题这种方式不同，本书是在计算每个约束条件的约束违反度的基础上采用 Deb 修订的支配定义 [66] 以区分可行解和不可行解。

对于不等式约束条件，在计算约束违反度之前，首先将约束条件进行如下转换：

$$g(1) = \frac{\sum\limits_{t=1}^{T} (X_{t,1} + X_{t,2})}{R} - RES$$

$$g(2) = \sum\limits_{t=1}^{T} \sum\limits_{n=1}^{N} IY_{t,n} \times Y_{t,n} + \sum\limits_{t=1}^{T} \sum\limits_{k=1}^{K} IZ_{t,k} \times Z_{t,k} - C$$

$$g(3)_t = X_{t,3} - X_{t,1} - X_{t,2}$$

$$g(4)_t = X_{t,4} - X_{t,3}$$

$$g(5)_{t,1} = \sum\limits_{k=1}^{K} (\alpha_{t,k,1} \times Z_{t,k}) - 1 \tag{4-15}$$

这样，每个约束的违反度可用 $G(j) = \max\{0, g(j)\}$ 的形式表示。

所有约束条件的违反度则通过 $G = \sum\limits_{j} G(j)$ 计算：

$$G = G(1) + G(2) + \sum\limits_{t=1}^{T} \left(G(3)_t + G(4)_t + \sum\limits_{1=1}^{L} G(5)_{t,1} \right) \tag{4-16}$$

第二节　静态多目标模型求解算法

一、NSGA-Ⅱ和PSO优缺点

NSGA-Ⅱ是第二代非常经典的进化算法之一，是 Deb 等在 2002 年对 NSGA 进行改进的基础上提出的[66]，目前在进化领域被 SCI 引用的次数最多。它采用快速非支配排序对多目标解群体进行分层排序，产生各种非劣前端；提出不同于小生境共享函数的拥挤距离策略标定同一层非劣前端中不同元素的伪适应度值，形成均匀分布的非劣解点，保持种群多样性；同时引入精英保留机制，保持优良的个体在进化过程中不被破坏。这种方法可以很好地搜索非劣解的区域，而且可以使种群很快收敛到这一区域。由于进化过程是采用伪适应度赋值，故能解决目标函数为任意数量的多目标问题。同时，不同解是在变量空间中进行比较，故允许具有相同目标函数的多个不同的等效解点存在[181]。

PSO 相对于 NSGA-Ⅱ，没有选择、交叉和变异算子，而是利用粒子在空间的速度和位置不断更新，具有更强的随机性和更低的计算复杂度。其固有的"记忆"特性，粒子能进行自我学习和向群体中其他粒子学习，将自身经验和社会经验结合起来更新自己的飞行速度和位置，局部搜索能力更强，能较快地收敛到最优解，而且外部参数较少。

从煤炭矿区节能减排投资多目标优化模型可以看出，决策变量设计到 0-1 变量（$Y_{t,n}$ 和 $Z_{t,n}$）和实数变量 $X_{t,n}$，鉴于原始 GA 处理二进制编码问题效率高的特性和 PSO 搜索实数空间收敛快的优点，本书将 PSO 和 NSGA-Ⅱ结合起来，提出 PSO-NSGA-Ⅱ的混合算法，用于求解煤炭矿区节能减排投资多目标优化模型。

PSO-NSGA-Ⅱ采用混合编码方式，对实数变量采用实数编码，对 0-1 决策变量采用二进制编码。算法在进化的整个过程中，利用快速非支配排序对种群进行分层排序，得到序值不同的前端，针对不同的前端计算拥挤距离，结合前端序值和拥挤距离选择进化个体，PSO 对选出的个体的实数编码部分进行搜索，GA 对其二进制编码部分进行交叉和变异操作，最终将分别进化的两个编码部分组合成一个完整的个体，这些进化后的个体再经过快速非支配排序，据此更新非劣解集档案、PSO 的局部最优位置和全局最优位置，并选出下一代进化群体，开始第二代进化，直至达到最大进化代数。

二、PSO-NSGA-Ⅱ算法步骤

Step1：设置初始参数。首先需设置模型和算法两类参数，分别包括：

（1）模型参数：模型（4-14）中所涉及的相关参数，如 T、N、I、L、K、RES、R、C、$IY_{t,n}$、$IZ_{t,k}$、$e1_{t,n,i}$、$es_{t,n,i}$、$p1_{t,n,l}$ 和 $\alpha_{t,k,l}$ 等。

（2）算法参数：群体规模 popsize，最大迭代次数 maxgen，交叉概率 pc，变异概率 pm，锦标赛比赛规模 tournamentsize，学习因子 c_1、c_2，最大惯性系数 w_{max}，最小惯性系数 w_{min}。

Step2：初始化种群。代表解的染色体采用混合编码策略，对模型中的 $X_{t,n}$ 实施实数编码，对 0-1 投资决策变量 $Y_{t,n}$ 和 $Z_{t,n}$ 实施二进制编码。在问题的解空间内随机生成 popsize 个个体 Chrom，实数基因段 Chrom_pso 的长度为 $T \times N$，二进制基因段 Chrom_ga 的长度为 $T \times N + T \times K$，故整个基因段的长度为 $2 \times T \times N + T \times K$，如图 4-1 所示。初始化粒子的位置 x = Chrom_pso、速度 $\nu = 0$、粒子最佳值 xbest = x。

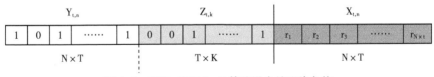

图 4-1　PSO-NSGA-Ⅱ算法混合编码染色体

Step3：计算种群的目标函数值 ObjV 和约束违反度 Viol。

Step4：对种群进行快速非支配排序，将群体分成不同序值 rank 的前端 F。

Step5：在第一个前端中随机选择一个解作为粒子全局最优解 gbest。

Step6：计算每一个前端的拥挤距离 Crowding Distance。

Step7：根据种群的序值 rank 和拥挤距离 Crowding Distance，实施竞标赛选择算子选择出 Popsize 个个体 SelCh，SelCh 的实数基因段

SelCh_x 作为被选出粒子的位置，被选出粒子的个体最佳位置 SelCh_xbest = SelCh_x，SelCh 的二进制基因段 SelCh_ga 作为 GA 进化的个体。

Step8：对 SelCh_x 实施 PSO 寻优，根据随进化代数动态变化的惯性系数 w，更新速度 v 和位置 SelCh_x。

Step9：对 SelCh_ga 实施 GA 寻优，对二进制个体进行单点交叉和位变异操作，变异之后的个体为 offspCh_mut。

Step10：合并 SelCh_x 和 offspCh_mut，得到完成的染色体 offspCh。

Step11：计算进化后的种群 offspCh 的目标函数值 offspObjV 和约束违反度 offspViol。

Step12：根据 Deb 修订的支配定义 [66] 比较子代个体 offspCh 和父代个体 Chrom 的优劣，如果 offspCh > Chrom，则用 offspCh 的实数编码部分更新粒子的个体最佳位置 xbest；如果 offspCh~Chrom，则以 0.5 的概率从父代和子代中随机选择更新 xbest。

Step13：找出子代 offspCh 中与父代 Chrom 中相同的个体，采用随机生成的方法初始化这些个体。

Step14：合并子代个体和父代个体，得到合并后的种群 com_population。

Step15：对 com_population 进行快速非支配排序，将其分成不同的前端 com_F，计算每一个前端的拥挤距离 com_crowding Distance。

Step16：从不同的前端 con_F 中根据对应的拥挤距离 com_crowding Distance 依次选择 Popsize 个个体，作为下一代进化的个体。

Step17：判断是否达到最大迭代次数 maxgen。如果达到，则终止算法，输出结果；否则，返回至 Step4 继续进化直至达到最大迭代次数。

根据上述求解思路，算法流程如图 4-2 所示。

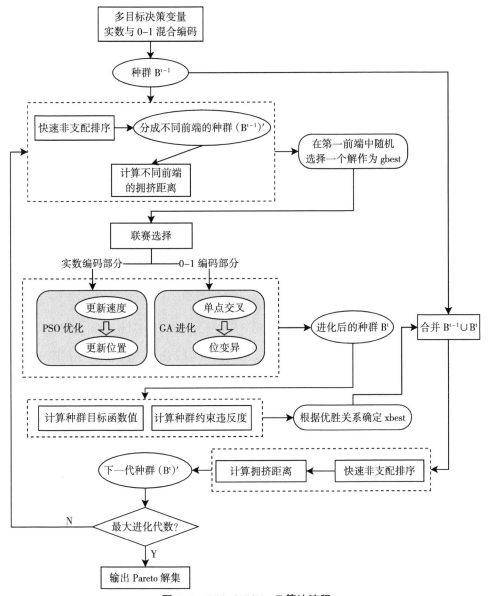

图 4-2 PSO-NSGA-Ⅱ算法流程

第三节 超化矿区节能减排静态多目标优化

这一部分将以超化煤矿的煤炭生产过程为实例，研究为了在达到"十二五"规划中煤炭工业能源消耗和污染物排放标准的前提下，矿区如何安排煤炭生产，投资哪些关键设备节能改造工程和排放物综合治理或利用项目，最终使得煤炭生产的经济效益、能源效益和环境效益均衡协调。

一、问题背景和数据来源

郑州煤炭工业（集团）有限责任公司（简称"郑煤"集团）建于1958 年，1997 年独家发起组建"郑州煤电股份有限公司"，并以"郑州煤电"在上交所成功上市，是国有煤炭企业第一股。本书选取该公司的骨干矿井超化煤矿作为研究对象。超化煤矿位于郑州市西南 55 千米的新密市境内，其地理位置如图 4-3 所示。该煤矿矿井井田面积 8.1平方千米，可采储量 1 亿吨，年生产能力 200 多万吨，现有职工 4000多人。矿区在 2005~2010 年的煤炭产量如表 4-1 所示。

图 4-3 郑煤集团超化煤矿地理位置

表 4-1 2005~2010 年超化煤矿煤炭产量

单位：万吨

年份	2005	2006	2007	2008	2009	2010
煤炭产量	189.7	187.0	201.7	200.1	205.0	191.3

资料来源：根据超化调研数据整理。

在煤炭生产过程中，各关键工序消耗的能源主要有原煤、汽油、柴油和电力，产生的污染物主要有 SO_2、矿井水、煤矸石，其中矿井水和煤矸石主要从掘进和回采工序中产生。本书在假设目前煤炭生产状况保持不变的情况下，研究矿区如何合理配置节能减排投资，达到"十二五"期间的节能减排目标。

该煤矿在 2010 年各关键工序的能耗与排放统计数据如表 4-2 和表 4-3 所示。

表 4-2 2009 年超化煤矿关键工序的单位产量原煤消耗量

关键工序	原煤（吨/吨）	汽油（升/吨）	柴油（升/吨）	电力（kWh/吨）
掘进	0.0014	0.0212	0.0519	13.2164
回采	0.0014	0.0148	0.0390	7.3424
提升	0.0014	0.0042	0.0260	5.8739
选煤	0.0014	0.0021	0.0130	2.9370

资料来源：根据超化调研数据整理。

表 4-3 2009 年超化煤矿关键工序的单位产量污染物排放量

关键工序	SO_2(e-5 吨/吨)	矿井水（吨/吨）	煤矸石（吨/吨）
掘进	0.4537	0.1768	0.0126
回采	0.4366	0.1179	0.0084
提升	0.4049	0	0
选煤	0.3659	0	0

资料来源：根据超化调研数据整理。

矿区原煤消耗主要用于锅炉燃烧，属于辅助生产系统，主要用于冬天井口防冻、办公室和生活区的供暖等，因此，可以将生产过程中原煤的消耗量按 1:1:1:1 等比例平摊到四个能耗关键工序中。

二、模型输入参数

现以"十一五"规划最后一年 2010 年的煤炭生产能耗和排放数据为基准，模拟矿区为了达到"十二五"节能减排目标 2011~2015 年的煤炭生产情况，模型中涉及的参数如下：

总年数 $T = 5$；关键工序总数 $N = 4$；生产过程中消耗的能源有原煤、汽油、柴油、电力 4 种，即 $I = 4$；生产过程中考虑的污染排放物为 SO_2、矿井水和煤矸石，即 $L = 3$；煤炭资源总储量 $RES = 4418$ 万吨；回采率 $R = 0.45$。根据矿区总体规划，5 年内计划进行投资设备节能改造和综合治理利用排放物项目的最大资金额 $C = 20000$ 万元；计划对排放物进行综合治理利用的项目有 2 个，即 $K = 2$；目前，矿区煤炭的最大生产能力不超过 250 万吨，故 $X_{t,n} \in [0，250]$ 万吨。

节能改造前各工序的单位消耗量 $e1_{t,n,i}$ 如表 4-2 所示。通过对比新旧设备单位产能的能耗情况，可知节能率大约为 0.1，参照此标准新设备节省的单位消耗量 $es_{t,n,i}$ 如表 4-4 所示，并采用表 4-5 的折标煤系数进行换算。改造前各工序的单位排放量 $p1_{t,n,l}$ 如表 4-3 所示。参照中国《煤炭工业发展"十二五"规划》关于 2015 年中部地区排放物综合利

表 4-4　关键工序设备节能改造后各关键工序节省的单位能源消耗量

关键工序	原煤（e-3 吨/吨）	汽油（升/吨）	柴油（升/吨）	电力（kWh/吨）
掘进	0.0617	0.0019	0.0020	0.5963
回采	0.0772	0.0017	0.0019	0.4150
提升	0.0797	0.0005	0.0013	0.3424
选煤	0.1023	0.0003	0.0010	0.1662

资料来源：根据超化调研数据整理。

表 4-5　各种能源折标准煤参考系数

	原煤	汽油	柴油	电力
折算系数	0.7143kgce/kg	1.4714kgce/kg	1.4571kgce/kg	0.1229kgce/(kWh)
密度	—	0.725g/ml	0.84 g/ml	—

资料来源：能源折标准煤参考系数资料。

用率的标准，每年排放物的减少与利用率 $\alpha_{t,k,l}$ 如表 4-6 所示。各年用于设备节能改造的投资费用 $IY_{t,n}$ 和投资第 k 种综合治理利用排放物项目的费用 $IZ_{t,k}$ 如表 4-7 所示。

表 4-6　排放物的综合治理减排率与利用率

年份 排放物	2011	2012	2013	2014	2015
SO_2	0.8338	0.8495	0.8567	0.8594	0.8602
矿井水	0.5850	0.6180	0.6470	0.9180	0.9330
煤矸石	0.6690	0.7070	0.7610	0.6730	0.7705

资料来源：根据《节能减排"十二五"规划》报告估算。

表 4-7　关键工序节能改造和排放物治理或综合利用的费用

单位：万元

年份 投资项目	2011	2012	2013	2014	2015
节能改造工程费用	3199.52	3943.72	4005.12	4041.80	4045.36
综合治理利用项目费用	1212.00	1271.00	1334.00	1378.00	1407.00

资料来源：根据超化调研数据整理。

设置最大迭代次数 maxgen = 1200，群体规模 popsize = 100，交叉概率 pc = 0.9，变异概率取为实数编码基因段的长度的倒数 pm = $\frac{1}{T \times N} = \frac{1}{12}$，学习因子 $c_1 = c_2 = 0.8$，最大惯性因子 $w_{max} = 1.2$，最小 $w_{min} = 0.1$。

三、静态优化结果

根据本章建立的多目标投资优化模型，以及给出的 PSO-NSGA-II 混合进化算法，在 MATLAB（R2010a）版本上进行编程运算，对超化矿区节能减排投资进行优化，得到 100 组非支配解，从中分析出矿区五年的煤炭产量在［738.8301，1042.365］万吨，能源消耗总量在［1576.1952，2527.0240］万吨标准煤，污染物的排放量在［9.369108，214.8838］万吨。

为了能清晰了解 Pareto 前端的分布，图 4-4 给出了 100 组非支配解在目标空间形成的三维曲面，从中可以看出 100 组非劣解大致分布在一个垂直于煤炭产量与能源消耗构成的平面，在曲面的顶端上的非支配解分布相对有规律，呈直线状态，基本在一个平面上，而在曲面的底端部分的非支配解则呈散落状态，大部分都不在一个平面上，分布没有顶端的解均匀。

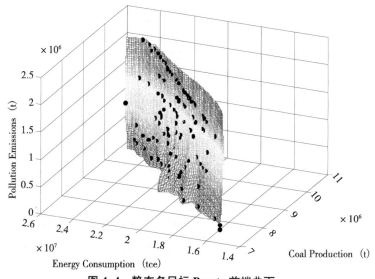

图 4-4　静态多目标 Pareto 前端曲面

相应地，为了更全面细致地了解 Pareto 前端的特点，图 4-5 给出了非支配解在目标空间的三维和二维的散点对比图。首先，可以看出能源消耗量随煤炭产量的提高而增加，污染排放物随煤炭产量、能源消耗的增加而增加。其次，可以分析得到在三个二维图当中显示的点并非是非支配解，看似有一些支配解，原因是二维图中只显示了 Pareto 前端的两个目标的二维图，另一个目标并未在图中显示。在图 4-5 中的第三个子图中，相同的煤炭产量却对应着多个污染排放量，原因是这些点对应着不同能源消耗，这样才形成了多个非支配解。

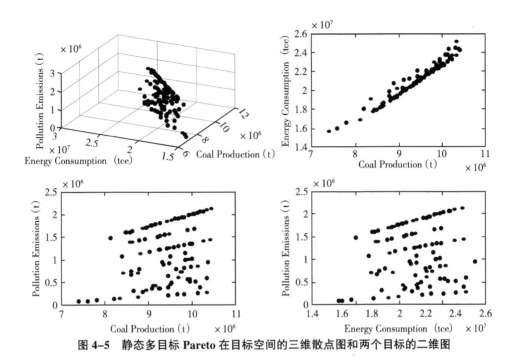

图 4-5 静态多目标 Pareto 在目标空间的三维散点图和两个目标的二维图

图 4-6、图 4-7、图 4-8 分别是煤炭产量、能源消耗量、污染物排放量随着进化代数的变化情况。可以得出，算法在大约进化到 600 代

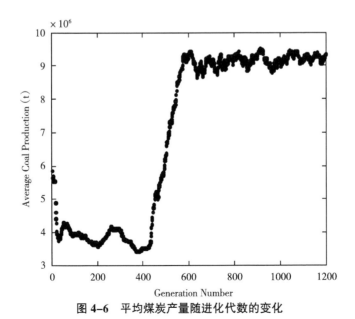

图 4-6 平均煤炭产量随进化代数的变化

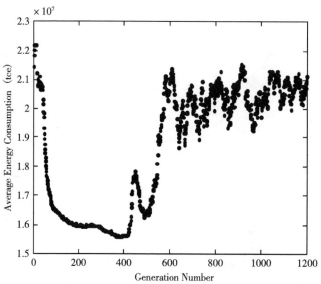

图 4-7　平均能源消耗随进化代数的变化

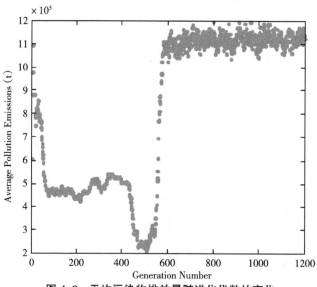

图 4-8　平均污染物排放量随进化代数的变化

的时候基本上达到稳定状态。在稳定状态下，整个规划期内平均煤炭产量大约在 900 万吨，能源消耗大约在 2000 万吨标准煤，污染物排放量大约在 110 万吨。

四、算法性能分析

由于本章所提出的 PSO–NSGA–Ⅱ混合算法是用来求解含有实数变量和 0–1 变量的多目标优化模型，难以用标准的测试函数来进行测试。在第二章文献综述中介绍的三类常用的多目标优化算法的性能度量方法是基于 PF$_{true}$ 已知的情形下，而本书所求解模型的最优 Pareto 前端是未知的，故三类常用的性能度量方法在这里就不能加以直接使用。因此，为了验证 PSO–NSGA–Ⅱ混合算法的进化性能，本书将 PSO–NSGA–Ⅱ的优化结果和学术上已被广泛应用的 NSGA–Ⅱ进行比较，采用 Center Distance、Coverage、SP 三个指标验证 PSO–NSGA–Ⅱ算法的收敛性、覆盖性和均匀性。

1. Center Distance

由所建立的多目标优化模型（4–14）可知，在三个目标函数中，煤炭产量是求最大值，能源消耗和污染物排放是求最小值，在算法进化的过程中，为了计算的方便，将煤炭产量这个目标处理为求最小值的形式。三个目标都是求最小值，由此可以认为 Pareto 解集的理想点是原点，故这里采用每一代进化得到的 Pareto 解集构成的曲面图心到原点的 1–范式距离（即质心距离，Center Distance）来衡量算法的收敛性，认为当算法趋于收敛状态时，Pareto 曲面的大体位置就已确定，图心也就随之固定下来。Center Distance 计算表达式如下：

$$\text{Center Distance} = \sum_{i=1}^{n} \| (\text{ObjV}_{\text{norm}})_i \|_1 \tag{4–17}$$

式中，n 是 NSGA–Ⅱ中每一代进化得到的 Pareto 解集的数量，ObjV$_{\text{norm}}$ 是 PSO–NSGA–Ⅱ每一代的 Pareto 解集在目标空间的标准化形式。PSO–NSGA–Ⅱ和 NSGA–Ⅱ质心距离随进化代数的变化如图 4–9 所示。可见，PSO–NSGA–Ⅱ的 Center Distance 收敛效果要比 NSGA–Ⅱ好一些。

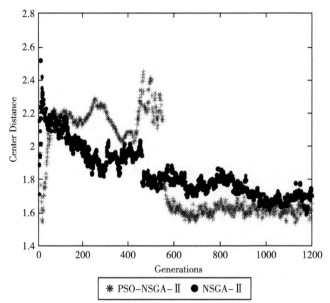

图 4-9 **PSO–NSGA–Ⅱ和 NSGA–Ⅱ质心距离随进化代数的变化情况**

2. Coverage

Coverage（覆盖性）主要是用于衡量进化算法在整个解空间尽可能地搜索到更多的 Pareto 解。Zitzler[75] 提出的 C-metic，通过计算在 Pareto 解集 B 中受 Pareto 解集 A 弱支配的解的比例，较好地衡量了 Pareto 解的覆盖性。因此，本书采用 C-metic 来衡量 PSO–NSGA–Ⅱ算法的覆盖性能。

如果 C(A，B) = 1，则表明 B 中所有的解都受 A 弱支配；如果 C(A，B) = 0，则说明 B 中所有的解不受 A 弱支配；如果 C(A，B) > C(B，A)，就说明在覆盖性这个指标上解集 A 要优于解集 B。这里 C(A，B) 不一定等于（1 - C(B，A)）。计算公式如下：

$$C(A，B) = \frac{|\{b \in B | \exists a \in A: a \geq b\}|}{|B|} \tag{4-18}$$

式中，|B|是解集 B 中解的个数，a≥b 表明 a 弱优于 b。本书认为 A 是 PSO–NSGA–Ⅱ每一代的 Pareto 解集，B 是 NSGA–Ⅱ每一代的 Pareto 解集。PSO–NSGA–Ⅱ与 NSGA–Ⅱ覆盖率变化如图 4-10 所示。

由图可知，在进化后期，PSO-NSGA-Ⅱ的覆盖率明显优于 NSGA-Ⅱ的覆盖率。

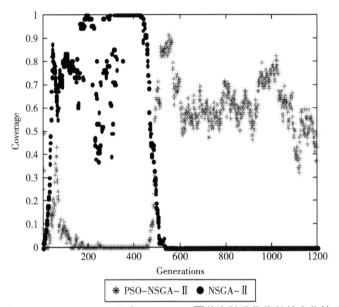

图 4-10　**PSO-NSGA-Ⅱ 和 NSGA-Ⅱ 覆盖率随进化代数的变化情况**

3. SP

SP（间隔指标）是用来衡量 Pareto 解集分布情况的。本书引用 Schott[219] 提出的间隔法来衡量 Pareto 解集是否是均匀分布的，这种方法实际上计算的是邻居向量的距离标准差，公式如下：

$$S = \sqrt{\frac{1}{n-1}\sum_{i=1}^{n}(\bar{d}-d_i)^2} \tag{4-19}$$

式中，$d_i = \min_j \sqrt{(f_1^i(x)-f_1^j(x))^2+(f_2^i(x)-f_2^j(x))^2+\cdots+(f_m^i(x)-f_m^j(x))^2}$，$i$，$j=1$，$\cdots$，$n$，$j\neq i$，意为目标空间中 PSO-NSGA-Ⅱ 的 Pareto 解集中第 i 个解与其最近的解之间的欧氏距离；$\bar{d}$ 是所有 d_i 的平均值；n 是 Pareto 解集中解的数量。$S=0$，表示 PSO-NSGA-Ⅱ 的 Pareto 解集中所有解点呈均等分布。PSO-NSGA-Ⅱ 与 NSGA-Ⅱ 均匀性如图 4-11 所示。由图可见，在进化初期，PSO-NSGA-Ⅱ 解的分布要比 NSGA-Ⅱ 求得解

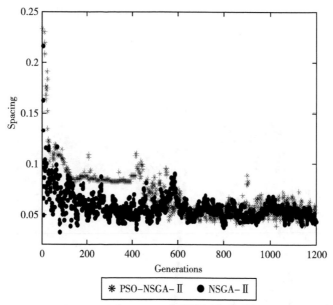

图 4-11　PSO-NSGA-Ⅱ 和 NSGA-Ⅱ 间隔距离随进化代数的变化情况

的分布稍优，但到后期两者均匀性无明显差别。

　　上述结果表明，在相同的运算环境下，通过对比 PSO-NSGA-Ⅱ 和 NSGA-Ⅱ 的 Center Distance、Coverage、Spacing 三个指标可知，在算法达到稳定状态时，PSO-NSGA-Ⅱ 的质心距离更小、覆盖率更大。这说明 PSO-NSGA-Ⅱ 在保持 Pareto 解集分布均匀的情况下，能在解空间内寻找到尽可能多的、目标函数值更优的 Pareto 解。

本章小结

　　本章从静态的视角，以整个规划期的煤炭产量、能源消耗量、污染物排放量为优化目标，考虑投资资金、矿区煤炭总资源量、各工序之间产量的关系、"十二五"规划关于煤炭工业能耗和排放的标准等约束条件，针对煤炭生产的关键工序建立了矿区节能减排多目标优化模型；在分析 NSGA–Ⅱ和 PSO 算法优缺点与动态多目标模型特点的基础上，将两种算法相结合，提出了 PSO–NSGA–Ⅱ进化算法；以超化矿区的节能减排投资优化工作为实例，通过质心距离、覆盖性、间隔距离三个性能指标，与 NSGA–Ⅱ进行对比，验证 PSO–NSGA–Ⅱ的收敛性、覆盖性、均匀性。

第五章　煤炭矿区节能减排动态多目标优化

第四章的多目标优化模型，是以"十二五"整个规划期的节能减排为研究对象，对煤炭矿区整个规划期内的经济效益目标、能源效益目标、环境效益目标进行优化，这是一种静态的视角。本章将从动态的视角，以规划期内每年的节能减排为研究对象，试图以优化矿区每年的经济效益、能源效益、环境效益为目标，最终达到整个规划期的节能减排目标。

第一节　动态多目标优化模型构建

一、目标和约束条件

1. 目标函数

（1）经济效益目标。这里仍然以矿区的煤炭产量作为衡量经济效益目标的指标，与式（4-1）不同的是，此处是以每年的煤炭产量为优化对象，而不是整个规划期内总的煤炭产量。每年的煤炭产量还是用"选煤"工序后的煤炭产量来计算。

$$\max f_1(t) = X_{t,4} \quad t = 1, 2, \cdots, T \tag{5-1}$$

式中，T 为煤炭矿区进行节能减排投资的计划年数；$X_{t,n}$ 为第 t 年第 n 道关键工序的煤炭产量，n = 1，2，3，4 分别表示煤炭生产时掘进、回采、井下运输与提升、选煤四道关键工序，这里 n = 4，即 $X_{t,4}$ 表示第 t 年"选煤"工序后的煤炭产量。

（2）能源效益目标。矿区在生产煤炭产生经济效益的同时，消耗了大量的能源，主要有原煤、汽油、柴油和电力四大类，其中后三者主要用于维持煤炭生产过程，原煤用于锅炉燃烧供暖，属于辅助生产过程。在保证煤炭产量的同时，也要节约能源，提高生产效率和能源利用效率。能源效益目标以矿区每年消耗的能源总量加以衡量。

$$\min f_2(t) = \sum_{n=1}^{N} \sum_{i=1}^{I} (e_{t,n,i} - es_{t,n,i} \times Y_{t,n}) \times X_{t,n} \quad t = 1, 2, \cdots, T \quad (5-2)$$

式中，I 为煤炭生产过程中消耗能源的种类数，i = 1，2，3，4 分别为电力、原煤、汽油和柴油。N 为总工序数。$Y_{t,n}$ 为第 t 年第 n 道关键工序设备是否进行节能改造。其中，$Y_{t,n} = 0$，表示第 t 年对第 n 道关键工序设备不进行节能改造；$Y_{t,n} = 1$，表示第 t 年对第 n 道关键工序设备进行节能改造。$e_{t,n,i}$ 为第 t 年之前对第 n 道关键工序设备可能进行节能改造，在此条件下，$e_{t,n,i}$ 表示第 t 年对第 n 道关键工序的第 i 种能源的单位消耗量。$es_{t,n,i}$ 为第 t 年对第 n 道关键工序设备进行节能改造后第 i 种能源节省的单位消耗量，这里将根据煤炭主要生产设备的产能和能耗进行估计。$e_{t,n,i} \times X_{t,n}$ 为第 t 年节能设备改造之前的能源消耗。$es_{t,n,i} \times Y_{t,n} \times X_{t,n}$ 为第 t 年节能设备改造之后的节能能源。

（3）环境效益目标。煤炭生产过程和能源消耗的过程会产生废气、废水、固体废弃物等，这些物质未经处理或循环利用，都会对环境造成污染。当今世界提倡绿色、环保、健康的理念，矿区的污染治理无疑是一个不可回避的问题。这里用污染排放量来衡量矿区的环境效益目标。

$$\min f_3(t) = \sum_{n=1}^{N} \sum_{l=1}^{L} \left\{ p_{t,n,l} \times X_{t,n} \times \left[1 - \sum_{k=1}^{K} (\alpha_{t,k,l} \times Z_{t,k}) \right] \right\} \quad t = 1, 2, \cdots, T$$

$$(5-3)$$

式中，L 为煤炭生产过程中排放物的种类数。K 为对煤炭生产过程中产生的排放物进行治理或综合利用的项目种类总数。$Z_{t,k}$ 为第 t 年对第 k 种治理或综合利用项目是否进行投资。其中，$Z_{t,k} = 0$，表示第 t 年对第 k 种治理或综合利用项目不进行投资；$Z_{t,k} = 1$，表示第 t 年对第 k 种治理或综合利用项目进行投资。$p_{t,n,l}$ 为第 t 年之前可能投资了一些项目以此对煤炭生产过程中产生的污染物进行治理和综合利用，在此条件下，$p_{t,n,l}$ 表示第 t 年对第 n 道关键工序的第 l 种污染物的单位排放量。$\alpha_{t,k,l}$ 为第 t 年投资第 k 种治理或综合利用项目对第 l 种污染物的减少与利用率，本书将参照 "十二五" 规划中关于污染物的治理标准。$p_{t,n,l} \times X_{t,n}$ 为在综合治理利用项目投资之前矿区的污染物排放量。$p_{t,n,l} \times X_{t,n} \times \sum_{k=1}^{K} (\alpha_{t,k,l} \times Z_{t,k})$ 为综合治理利用项目投资之后矿区减少的污染物排放量。

2. 约束条件

本章节能减排动态多目标优化模型的约束条件和第四章静态多目标优化模型相同，也包括各工序产量之间的约束、煤炭资源总量约束、节能减排总投资资金量约束、治理或综合利用率约束、非负约束、0-1 变量约束。具体的计算公式参照式（4-4）~式（4-11）。

唯一不同的是，式（4-6）和式（4-7）在计算的过程中，不是统计整个规划期的总量，而是只计算第 1 年到第 t 年的总量。

综上所述，煤炭矿区节能减排投资动态多目标优化模型如下：

$$\max f_1(t) = X_{t,4}$$

$$\min f_2(t) = \sum_{n=1}^{N} \sum_{i=1}^{I} (e_{t,n,i} - es_{t,n,i} \times Y_{t,n}) \times X_{t,n}$$

$$\min f_3(t) = \sum_{n=1}^{N} \sum_{l=1}^{L} \left\{ p_{t,n,l} \times X_{t,n} \times \left[1 - \sum_{k=1}^{K} (\alpha_{t,k,l} \times Z_{t,k}) \right] \right\}$$

$$\text{s.t.} \begin{cases} \dfrac{\sum\limits_{t=1}^{T} (X_{t,1} + X_{t,2})}{R} < RES \\[4mm] \sum\limits_{t=1}^{T} \sum\limits_{n=1}^{N} IY_{t,n} \times Y_{t,n} + \sum\limits_{t=1}^{T} \sum\limits_{k=1}^{K} IZ_{t,k} \times Z_{t,k} \leqslant C \\[4mm] X_{t,3} < X_{t,1} + X_{t,2} \\[2mm] X_{t,3} > X_{t,4} \\[2mm] \sum\limits_{k=1}^{K} (\alpha_{t,k,l} \times Z_{t,k}) \leqslant 1 \\[4mm] X_{t,n} \geqslant 0 \\[2mm] Y_{t,n} = 0,\ 1 \\[2mm] Z_{t,n} = 0,\ 1 \end{cases} \tag{5-4}$$

模型中 $e_{t,n,i}$ 和 $p_{t,n,l}$ 与第 1 年到第 $t-1$ 年第 n 道关键工序是否进行节能改造或综合治理利用有关，是一个随时间递归的量。具体的计算过程参照式（4-12）和式（4-13）。

二、约束条件处理

对约束条件的处理依然遵照修订的支配定义进行，首先基于约束违反度的计算，利用约束违反度和目标函数值这一组值根据优胜关系区分不同解的优劣。然后通过拥挤度这一指标区分处于同一级别的解的差别。

每个约束条件的约束违反度计算如下：

$$g(1) = \frac{\sum\limits_{t=1}^{T} (X_{t,1} + X_{t,2})}{R} - RES$$

$$g(2) = \sum_{t=1}^{T} \sum_{n=1}^{N} IY_{t,n} \times Y_{t,n} + \sum_{t=1}^{T} \sum_{k=1}^{K} IZ_{t,k} \times Z_{t,k} - C$$

$g(3)_t = X_{t,3} - X_{t,1} - X_{t,2}$

$g(4)_t = X_{t,4} - X_{t,3}$

$$g(5)_{t,l} = \sum_{k=1}^{K} (\alpha_{t,k,l} \times Z_{t,k}) - 1 \qquad (5-5)$$

这样，每个约束的违反度可用 $G(j) = \max\{0, g(j)\}$ 的形式表示。

所有约束条件的违反度则通过 $G = \sum_j G(j)$ 计算：

$$G_t = G(1) + G(2) + G(3)_t + G(4)_t + \sum_{l=1}^{L} G(5)_{t,l} \qquad (5-6)$$

第二节　动态多目标模型求解算法

一、DNSGA-Ⅱ-PSO 算子设计

DNSGA-Ⅱ是 Deb 等[146] 于 2007 年在 NSGA-Ⅱ的基础上，根据动态目标问题环境随时间变化的特点，对静态的 NSGA-Ⅱ进行改进而提出的。为了响应环境的变化，Deb 提出了两个版本的 DNSGA-Ⅱ，它们是 DNSGA-Ⅱ-A 和 DNSGA-Ⅱ-B。这两种算法的不同主要是当环境发生变化时，新环境下的初始群体的生成方式不同。DNSGA-Ⅱ-A 是随机生成一些个体代替当前环境群体中一定比例的个体，DNSGA-Ⅱ-B 则是从当前环境中随机选择一些个体进行变异，用变异之后的解代替种群中一定比例的解。Deb 也通过标准函数对这两种算法在不同的参数水平下进行了性能测试，这两种算法都具备了求解动态多目标问题的能力。

PSO 具有较强的局部寻优能力和较快的收敛速度，故本书借用 DNSGA-Ⅱ的求解思路，将 DNSGA-Ⅱ和 PSO 融合起来，构建求解

煤炭矿区节能减排动态多目标优化问题的 DNSGA-Ⅱ-PSO。此算法的整体思路是用 DNSGA-Ⅱ产生的群体去影响 PSO 的全局最优解 gbest，在全局的角度引导 PSO 的进化方向；而 PSO 进化本身的位置 x 和自身最优位置 xbest 是不受 DNSGA-Ⅱ直接影响的；xbest 只受 PSO 进化本身的影响，是在 PSO 进化的过程中，通过 Deb 修订的支配定义[66] 比较 x 和 xbest 的优劣进行更新的。当检测算子检测到环境发生变化后，通过三种方式产生时刻（t+1）的进化初始种群：惯性预测、高斯分布、随机生成。首先通过减法分类[220] 对当前环境时刻 t 的 Pareto 解集进行聚类，得到类中心，运用在关联规则建立时刻 t 和时刻（t-1）的关联关系；然后在此基础上运用二阶惯性预测的方法对这些类中心进行预测，继而用高斯分布的方法在这些预测的类中心周围产生一定比例的高斯分布点、最后用随机生成的方式产生剩下的点。

由本书文献综述关于动态多目标的部分可知，一个好的动态多目标优化算法需要解决三个问题：探测环境的变化、保持多样性、预测变化。

1. 探测环境的变化

根据 Deb 在文献中对环境变化的描述，认为只要目标函数和约束条件中任意一个发生了变化，就认为多目标问题的环境发生了变化。Farina 在文献中提出了探测环境变化的检测算子。

$$\varepsilon(t) = \frac{1}{n_\varepsilon} \sum_{j=1}^{n_\varepsilon} \left\| \frac{(f_j(X, t) - f_j(X, t-1))}{R(t) - U(t)} \right\| \tag{5-7}$$

式中，n_ε 是随机选取用于测试环境变化的样本点的个数，X 是决策变量，$f(X, t)$ 是环境 t 下的目标函数值，$R(t)$ 和 $U(t)$ 分别是目标空间随时间变化的最低点和理想点。

设定一个阈值 η，如果 $\varepsilon(t) > \eta$，就认为环境发生了变化。一般认为 $10^{-3} < \eta < 10^{-2}$。

2. 保持多样性

种群多样性和算法性能评价指标中的覆盖性是相一致的。种群中个体越不相同，就说明算法找到的解更多，就越不容易陷入局部最优。保持种群多样性的方式有很多，如通过引入随机方式产生新的个体，通过变异算子对一定比例的个体进行变异，或者将两者结合。

本书设计的 DNSGA-II-PSO，保持种群多样性的方式主要有三种：一是利用拥挤度区分同一前端中的个体，保证拥挤度小的个体有更大的选择进化的概率；二是在利用式（5-7）探测到环境的变化时，有一小部分的个体采用随机生成的方式；三是在合并子代和父代的过程中，删除了重复的个体。这三种方式的结合，有效地保持了种群的多样性，提高算法的覆盖率。

3. 预测变化

当检测到环境发生变化时，如何根据当前环境下的种群预测得到环境变化之后的进化初始种群呢？需要解决两个问题：一是前后环境下 Pareto 解集的关联；二是环境变化后进化初始种群的预测。

（1）Pareto 解集的关联。Zhou 等在文献中提出了较为简单的 Pareto 解集的关联规则，即根据最小距离原则对决策空间相邻历史 Pareto 解集进行关联，认为距离最近的两个相邻历史 Pareto 解集是某一个 Pareto 解集在前后两个环境时刻的运动轨迹。这种规则实施起来相对容易。

（2）环境变化后进化初始种群的预测。环境变化后解集的预测涉及两个问题：一是种群在环境变化前后解集时间序列的构造问题；二是预测方法。

彭星光等在文献中提出了 Pareto 解集关联的通用公式：

$$\tilde{S}_p(t+1) = F_{pred}(S_p(t), \cdots, S_p(t-K+1)) \tag{5-8}$$

式中，F_{pred} 代表某种预测方法，$K = 1, 2, \cdots, t-1$ 为预测方法的阶数；$\tilde{S}_p$ 为预测的 Pareto 解集。

为了计算方便，本书采用二阶预测方法，即 K = 2，通过当前环境时刻 t 的 Pareto 解集 $S_p(t)$ 和前一个环境时刻（t − 1）的 Pareto 解集 $S_p(t − 1)$ 来预测环境变化后下一时刻（t + 1）的 Pareto 解集 $\tilde{S}_p(t + 1)$。

预测方法的选择取决于样本时间序列数据的大小。本书环境总数 T 不大，历史数据较少，不宜采用较为复杂的时间序列预测方法，故采用一种简单的时间序列预测方法，即惯性预测，也成为线性预测[160]。

$$x_i(t + 1) = x_i(t) + (x_i(t) − x_i(t − 1)) \qquad (5-9)$$

式中，$x_i(t + 1)$ 为预测的新环境进化的初始种群，x_t 和 $x_{t−1}$ 为时间序列上两个邻近的种群。

如果用时刻 t 和时刻（t − 1）的所有 Pareto 解集来预测新环境下的种群，势必需要在进行解集关联时进行大量的计算，而且是要在保存前后两个时刻 Pareto 解集的前提下，最终得到的关联解的数量也是非常庞大的。

为了减少关联解的数量，同时又能代表当前环境下 Pareto 前端的分布形状，就需要找出能代表 Pareto 前端分布特征的少数几个点。为了解决这个问题，武燕等[160]采用了质心和参考点描述来作为用于预测的点集。然而质心是使用 k-均值聚类算法在决策空间对 Pareto 解集进行聚类得到的，而不是在目标空间，这样得到的质心无法准确反映 Pareto 前端的分布特性。Zio 等[221]讨论了用 k-均值聚类算法、模糊 c-均值、减法聚类三种方法对 Pareto 前端的分类结果，研究表明减法聚类的分类性能要优于前两种方法，而且这种分类方法不依赖于初始解集。

为此，本书首先采用减法分类方法对当前环境下的 Pareto 前端进行分类，得到类中心 Class_center(t)。然后运用最小距离原则将当前环境时刻 t 的类中心 Class_center(t) 和上一个环境时刻（t − 1）的类中心 Class_center（t − 1）建立关联关系，得到关联关系矩阵 center_and_center_S。基于关联关系矩阵 center_and_center_S，运用式（5-9）进行惯性预测，得到（t + 1）时刻的一部分解集 IP_Chrom。

剩下的一部分个体分别采用高斯分布和随机生成的方式进行，这两种方式生成个体的比例分别为剩下个体数量的 $\zeta\%$ 和（$1 - \zeta\%$）。其中，高斯分布个体的产生方式如下：

$$GD\_Chrom = ganssrand(IP\_Chrom，\delta) \qquad (5-10)$$

式中，GD_Chrom 为高斯分布产生的预测点。此式表明高斯分布产生以 IP_Chrom 为均值、δ 为方差的随机数，即在 IP_Chrom 的周围产生一些预测解。

关于方差 δ 的选取，本书在惯性预测的类中心中选择最小欧氏距离的随机数，即

$$\delta = rand \times \min \| IP\_Chrom \| \qquad (5-11)$$

从动态优化模型可知，决策变量分为实数变量和 0-1 变量两类。故在惯性预测和高斯分布产生预测点时，要区分实数和 0-1 变量。对于解的实数部分可以按上述所介绍的方式进行生成，但对于 0-1 部分则要做特殊的处理。在惯性预测过程中，0-1 部分的预测取为当前时刻 t 的类中心的 0-1 部分和关联关系矩阵的 0-1 部分做"并运算"之后的结果，即 Class_center(t) & center_and_center_S。而在高斯分布生成预测个体的过程中，对于 0-1 部分的预测，首先通过式（5-10）生成高斯分布的解，取这些解代表 0-1 编码的基因位（高斯分布产生的不一定是 0-1 变量），通过式（5-12）的运算，其转化为 0-1 变量，然后与惯性预测得到的 0-1 部分做"并运算"，即

c &（Class_center(t) & center_and_center_S）。

$$c = rand < \frac{1}{\exp(-b)} \qquad (5-12)$$

式中，b 为高斯分布产生的解中代表 0-1 编码的基因位，rand 是随机生成的（0，1）之间的数。

综上所述，当环境发生变化时，（t + 1）时刻的进化初始种群的生

成来源于三种方式：惯性预测、高斯分布、随机生成。这三种方式的结合，既保持了 t 时刻的 Pareto 前端的分布形状，也对环境的变化做出了有效的响应，同时还增加了一定的扰动。

关于减法分类的计算步骤将在第六章详细介绍。

二、DNSGA-Ⅱ-PSO 的算法步骤

为了 DNSGA-Ⅱ-PSO 算法描述的完整性，通过步骤 Step1~Step4 构建算法的整体框架，步骤 Step3.1 并未对 NSGA-Ⅱ-PSO 进化方法进行详细展开，而是将其单独列出来，在下文详细介绍。算法的整体框架如图 5-1(a) 所示，NSGA-Ⅱ-PSO 进化的详细思路如图 5-1(b) 所示。

Step1：确定初始参数。初始参数包括模型参数和算法参数。

（1）模型参数：模型（5-4）中涉及的参数如下：T、N、I、L、K、RES、C、$IY_{t,n}$、$IZ_{t,k}$、$e1_{t,n,i}$、$es_{t,n,i}$、$p1_{t,n,l}$ 和 $\alpha_{t,k,l}$ 等。

（2）算法参数：群体规模 popsize，最大迭代次数 maxgen，交叉概率 pc，交叉分布参数 nc，变异概率 pm，变异分布参数 nm，锦标赛比赛规模 Tournamentsize，学习因子 c_1、c_2，最大惯性系数 w_{max}，最小惯性系数 w_{min}，判定环境是否发生变化的阈值 η，惯性预测个体数与随机生成个体数的比例为 ζ。这里将总年数 T 直接作为与时间有关的最大环境数 T_{max}，在某一固定 T 内，认为环境不发生变化。

Step2：初始化种群。动态多目标优化模型的决策变量有实数和 0-1 变量两种类型，与图 4-1 类似，这里采用混合编码的方式对解进行编码，对模型中的 X_n 实施实数编码，对 0-1 投资决策变量 Y_n 和 Z_n 实施二进制编码。在满足模型所有约束条件的前提下，随机生成 Popsize 个个体 Chrom(t)，实数基因段的长度为 N，二进制基因段的长度为 N + K，故整个染色体的长度为 2 × N + K。

Step3：判断当前时刻 t≤T_{max}：如果成立，则转至 Step3.1；否则结束程序，输出每个时刻 t 的 Pareto 解集 POS(t = 1 : T_{max})。

Step3.1：NSGA-Ⅱ-PSO 进化。

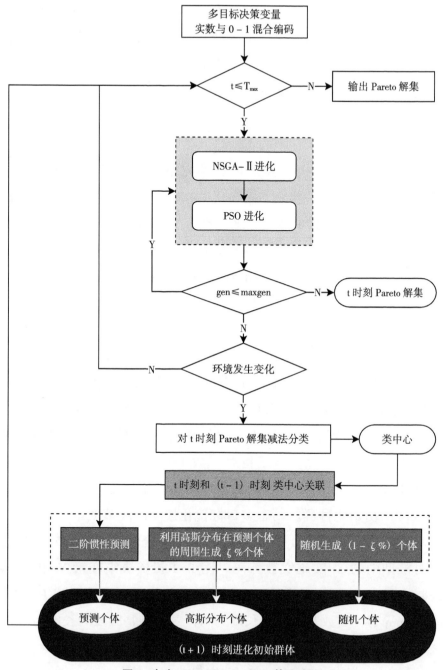

图 5-1(a)　DNSGA-Ⅱ-PSO 算法流程

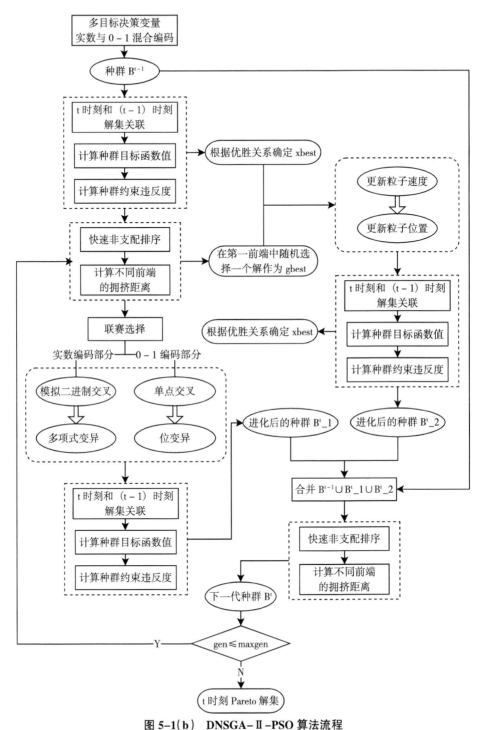

图 5-1(b)　DNSGA-Ⅱ-PSO 算法流程

Step3.2：判断当前迭代次数 gen ≤ maxgen，如果满足，则转至
Step3.1，继续迭代；否则保存当前时刻 t 求得的 Pareto 解集 POS(t)，
转至 Step4。

Step4：判断环境是否发生变化：如果没有发生变化，则以当前时
刻 t 的 Pareto 解集 POS(t) 作为下一个时刻（t + 1）进化的初始种群，转
至 Step3；如果发生变化，转至 Step4.1。

Step4.1：对当前时刻 t 的 Pareto 解集 POF(t) 进行减法分类（Sub-
tractive Clustering），得到类中心 Class_center(t)。

Step4.2：运用解的关联规则将当前时刻 t 的类中心 Class_center(t)
和上一个时刻（t − 1）的类中心 Class_center(t − 1）建立关联关系，得
到关联关系矩阵 center_and_center_S。

Step4.3：基于关联关系矩阵 center_and_center_S，运用二阶惯性预
测方法预测一部分个体 IP_Chrom。

Step4.4：利用高斯分布，在 IP_Chrom 的周围产生 ζ 比例的个体
GD_Chrom。

Step4.5：随机生成剩下的（1 − ζ）比例的个体 R_Chrom。

Step4.6：合并三种方式生成的个体，作为下一个时刻（t + 1）进化
的初始群体，Chrom(t + 1) = IP_Chrom ∪ GD_Chrom ∪ R_Chrom，转至
Step3。

接下来，将详细介绍 NSGA−Ⅱ−PSO 进化方法。

Step1：NSGA−Ⅱ进化。

Step1.1：首先利用关联规则将当前时刻 t 的类中心 Class_center(t)
和上一个时刻（t − 1）的类中心 Class_center(t − 1）建立关联关系，然
后计算种群的目标函数值 ObjV 和约束违反度 Viol。

Step1.2：对当前时刻种群 Chrom(t) 进行快速非支配排序，将群体
分成不同序值 rank 的前端 F，并在第一个前端中随机选择一个解作为
粒子全局最优解 gbest。

Step1.3：根据种群的序值 Rank 和拥挤距离 Crowding Distance 实施

竞标赛选择算子选择出 Popsize 个个体 SelCh，SelCh 根据编码的不同被分成两部分，实数基因段 SelCh_a 和二进制基因段 SelCh_b，分别实施不同的进化操作。

Step1.4：实数基因段 SelCh_a 实施模拟二进制交叉和多项式变异操作，二进制基因段 SelCh_b 实施单点交叉和位变异操作。

Step1.5：首先利用关联规则将当前时刻 t 的类中心 Class_center(t) 和上一个时刻（t−1）的类中心 Class_center(t−1) 建立关联关系，然后计算种群的目标函数值 ObjV 和约束违反度 Viol。这里将 NSGA−Ⅱ 进化后的群体记为 Chrom(t)_nsga2。

Step2：PSO 进化。

Step2.1：根据随进化代数动态变化的惯性系数 w、xbest 和 gbest，更新速度 v 和位置 x。

Step2.2：首先利用关联规则将当前时刻 t 的类中心 Class_center(t) 和上一个时刻（t−1）的类中心 Class_center(t−1) 建立关联关系，然后计算种群的目标函数值 ObjV 和约束违反度 Viol。这里将 PSO 进化后的群体记为 Chrom(t)_pso。

Step2.3：根据 Deb 修订的支配定义比较 Chrom(t)_pso 和 Chrom(t) 的优劣，如果 Chrom(t)_pso > Chrom(t)，则用 xbest = Chrom(t)_pso 更新粒子的个体最佳位置；如果 Chrom(t)_pso ~ Chrom(t)，则以 0.5 的概率在 Chrom(t)_pso 和 Chrom(t) 中随机选择一个更新 xbest。

Step2.4：合并 NSGA−Ⅱ 进化和 PSO 进化生成的个体，com_Chrom(t) = Chrom(t)∪Chrom(t)_nsga2∪Chrom(t)_pso。

Step2.5：对 com_Chrom(t) 进行快速非支配排序，将其分成不同的前端 com_F。

Step2.6：从不同的前端 com_F 中根据对应的拥挤距离 com_Crowding Distance 依次选择 popsize 个个体，作为下一代进化的个体 Chrom(t)。

第三节 超化矿区节能减排动态多目标优化

为了验证本章所建立的动态多目标模型（5-4）的有效性和 DNSGA-Ⅱ-PSO 算法的性能，本节仍然以超化煤矿的煤炭生产为实例进行研究。与第四章不同的是，本节将"十二五"规划的年限看作环境变化的最大范围，而"十二五"规划相应的总指标被分解到每一年中去完成。因此，本节在有限的投资金额和煤炭资源总量的约束下，研究矿区通过投资一些关键设备节能改造工程和污染物综合治理利用项目，在达到分解到每一年的能耗指标和污染物排放指标的基础上，矿区如何安排每年的煤炭生产计划，才能在经济效益、能源效益、环境效益三者之间找到平衡点。

一、问题背景和模型输入参数

超化矿区煤炭生产的基本情况已经在第四章详细介绍过了，动态多目标模型的输入参数与静态多目标模型基本相同，这里就不再赘述。

模型输入参数中不同的是 maxgen = 300，即在每个环境时刻 t 下算法进化的代数为 300 代，判定环境是否发生变化的阈值 $\eta = 0.01$，惯性预测个体数与随机生成个体数的比例为 $\zeta = 80\%$。

二、动态优化结果

根据本章建立的动态多目标投资优化模型，以及给出的 DNSGA-Ⅱ-PSO 混合进化算法，在 MATLAB（R2010a）版本上加以运行，对超化矿区节能减排投资进行动态优化。每个环境时刻 t 下都得到 100 组非劣解，每个目标在每个时刻 t 的取值范围如表 5-1 所示。大致可以看出，在规划期内除了经济效益的下限值保持不变之外，随着时间的推移，经济效益的上限值逐渐增加，能源效益和环境效益的上、下限值不断减小，环境效益下降得最快。

表 5-1　每个目标在每个时刻的取值范围

目标	t = 1	t = 2	t = 3	t = 4	t = 5
经济效益 （t）	[0.001, 2494106]	[0.001, 2499236]	[0.001, 2482806]	[0.001, 2492287]	[0.001, 2500000]
能源效益 （tce）	[0.001875, 4944436]	[0.001761, 4793631]	[0.001647, 4198915]	[0.001534, 4029130]	[0.001534, 3833827]
环境效益 （t）	[5.35E−05, 313166.1]	[2.1E−05, 144518.4]	[7.53E−06, 53994.43]	[2.49E−06, 19337.49]	[7.64E−07, 6236.098]

为了能清晰了解 Pareto 前端的分布，图 5-2 给出了每个环境时刻 t 下 100 组非支配解在目标空间形成的三维散点图，可以看出，每个时刻下的 Pareto 前端大致由两条相交的直线构成的平面组成，其中一条直线上的点比较多且分布均匀，另一条直线上分布的点少且不均匀。从整体上看，随着时间的推移，污染排放物呈明显下降的趋势，原因在于，综合治理和利用项目大大减少了污染物的排放。

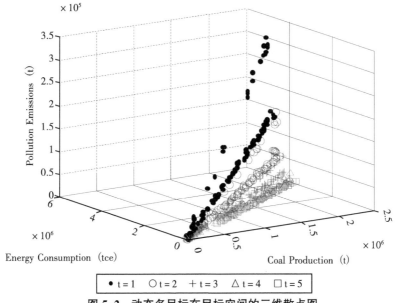

图 5-2　动态多目标在目标空间的三维散点图

为了进一步了解 Pareto 前端随时间推移的变化趋势，图 5-3 给出了 100 组非支配解在目标空间形成的三维曲面，通过分析可以得出，在当前的视角，第一个时刻和第二个时刻的 Pareto 解点没有显示出来，原因是这些点分布在曲面的另一侧；显示在当前视角下的三个时刻的 Pareto 解点在能源消耗的维度上自上至下呈扇形展开。由此可以判断，随着时间的推移，能源消耗量在逐渐减少，原因是设备节能改造发挥了累积作用。

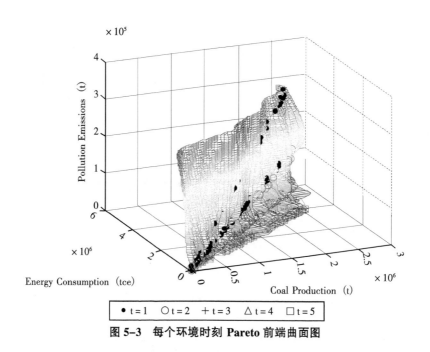

图 5-3　每个环境时刻 Pareto 前端曲面图

为了说明算法达到收敛，图 5-4、图 5-5、图 5-6 分别给出了每个时刻 t 下每个目标随进化代数的变化情况。可以看出，算法大约在进化到 300 代的时候达到稳定状态。在图 5-4 中，整个规划期内，平均煤炭产量前三年保持在 130 万吨左右，第四年稍有下降，保持在 125 万吨左右，第五年产量提高到 140 万吨。在图 5-5 中，平均能源消耗量前四年逐年下降，第五年增加到 230 万吨左右。在图 5-6 中，平均污染物排放量逐年递减，而且下降的速度越来越快。由此

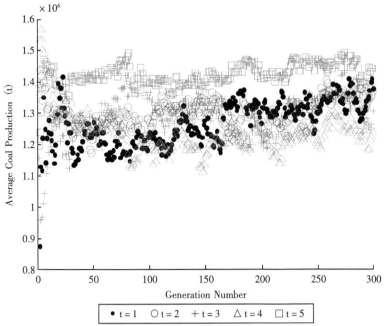

图5-4　每个环境时刻平均煤炭产量随进化代数的变化

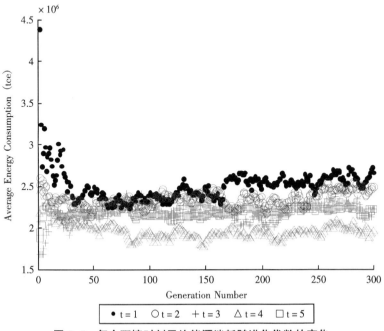

图5-5　每个环境时刻平均能源消耗随进化代数的变化

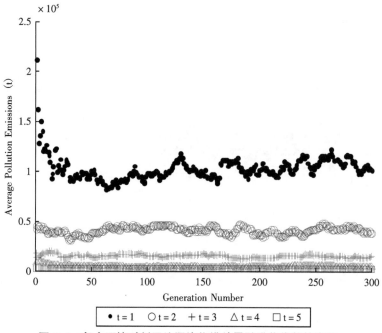

图 5-6　每个环境时刻平均污染物排放量随进化代数的变化

描述可知，前三年在平均煤炭产量保持稳定的情况下，平均能源消耗和污染物排放在逐渐减少，说明通过投资节能设备改造工程和排放物综合利用项目是有节能减排效果的。第五年平均煤炭产量增加，虽然平均能源消耗稍微有所增加，但污染排放依然在减少，说明投资排放物综合利用项目力度比节能设备改造工程的力度大，减排的效果更明显。

三、算法性能分析

在本章所建立的动态多目标优化模型中，决策变量有实数变量和 0-1 变量，所设计的 DNSGA-Ⅱ-PSO 混合算法是在实数变量和 0-1 变量混合编码的基础之上，故此章和第四章都无法用标准的测试函数进行测试。第二章文献综述中介绍的两个衡量多目标优化算法的收敛性和多样性的度量方法都是基于 PF_{true} 已知的情形，而超化矿区的煤炭生产过程的最优 Pareto 前端是未知的，故这两个性能指标在这里就不能

直接使用。而 DNSGA–Ⅱ–A 是学术界已经公认的标准算法，所以为了
验证 PSO–NSGA–Ⅱ 混合算法的进化性能，本书将 DNSGA–Ⅱ–PSO 的
优化结果和 DNSGA–Ⅱ–A 进行对比，将第四章中的 Center Distance、
Coverage、SP 三个指标应用在动态的多目标算法性能衡量中，验证其
收敛性、覆盖性和均匀性。这三个指标的计算公式参考式（4–17）~式
（4–19），与第四章静态的多目标算法相比，这里只是将其应用到每个
环境时刻 t 中。

　　在对两者算法对比之前，这里也给出了 DNSGA–Ⅱ–PSO 中 Center
Distance 和 SP 两个指标随进化代数的变化情况，如图 5–7 和图 5–8 所
示。由图可以分析得到，质心距离随进化的进程呈上下波动的形势，
在前四年，质心距离基本上在 [2.1，2.3] 的范围波动，但是到了第五
年，质心直接下降到 1.9 上下波动，说明规划期最后一年找到了距离
理想点更近的 Pareto 解集。而间隔距离则是大部分 Pareto 解点保持在
0.1，少部分保持在 0.003，说明大部分 Pareto 解点分布不是很均匀。

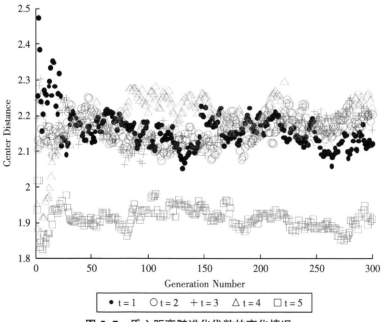

图 5–7　质心距离随进化代数的变化情况

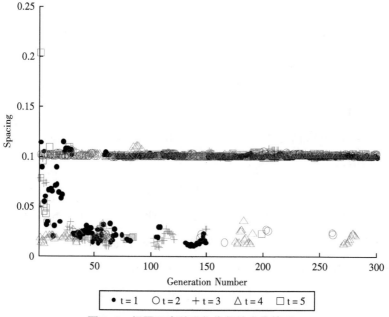

图 5-8　间隔距离随进化代数的变化情况

　　将 DNSGA-Ⅱ-PSO 和 DNSGA-Ⅱ-A 在相同的环境下进行迭代，对算法在每个环境时刻 t 的 Pareto 解集进行 Center Distance、Coverage、SP 三个指标的对比，如图 5-9、图 5-10、图 5-11 所示。可以看出，DNSGA-Ⅱ-PSO 的 Pareto 解集的覆盖范围在整个规划期内都比 DNSGA-Ⅱ-A 要大；除了第四个环境时刻外，其他四个时刻的质心距离都比 DNSGA-Ⅱ-A 距离理想节点近；不足之处在于 Pareto 解集分布的不均匀导致了解点之间的间隔距离比较大。这说明 DNSGA-Ⅱ-PSO 能在解空间内搜索到更多的、距离理想点距离更近的 Pareto 解点，但解点分布不是很均匀。本书的算法探测变化和寻优的性能比较好，但算法的局部搜索能力还有待改进。

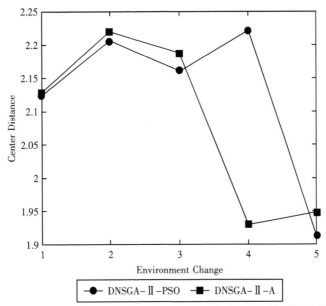

图 5-9　DNSGA-Ⅱ-PSO 和 DNSGA-Ⅱ-A 每个环境时刻的质心距离

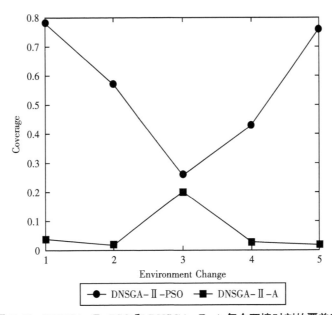

图 5-10　DNSGA-Ⅱ-PSO 和 DNSGA-Ⅱ-A 每个环境时刻的覆盖率

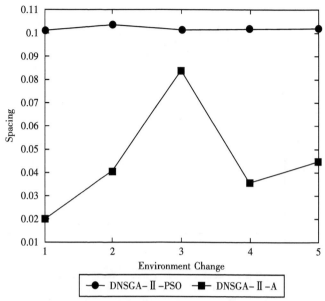

图 5-11　DNSGA-Ⅱ-PSO 和 DNSGA-Ⅱ-A 每个环境时刻的间隔距离

本章小结

　　本章从动态的视角，以规划期每年的煤炭产量、能源消耗量、污染物排放量为优化目标，考虑投资资金、矿区煤炭总资源量、各工序之间产量的关系、"十二五"规划关于煤炭工业能耗和排放的标准等约束条件，针对煤炭生产的关键工序建立了矿区节能减排动态多目标优化模型；在分析 DNSGA-Ⅱ 和 PSO 算法优缺点和动态多目标模型的特点的基础上，将两种算法相结合，提出了 DNSGA-Ⅱ-PSO 进化算法，对算法在探测环境变化、保持种群多样性、预测环境变化三个算子设计进行了详细的分析；然后以超化矿区的节能减排工作为实例，对模型和算法进行有效性验证，并将优化结果与 DNSGA-Ⅱ-A 进行对比，分析 DNSGA-Ⅱ-PSO 的收敛性、覆盖性、均匀性。

第六章　煤炭矿区节能减排最终决策方案

与单目标优化不同的是，多目标优化得到的解不止一个，而是由多个非支配解构成的 Pareto 解集。本书利用多目标优化的方法，已经在第四章和第五章分别从静态和动态的视角谈到了多组 Pareto 解集，然而管理者面临如此之多的可选方案，仍然很难快速做出最终的决策。因此，有必要从得到的 Pareto 解集中筛选出有限几个方案，直接辅助管理者决策。

第一节　混合聚类方法

在通常情况下，煤炭矿区的管理者会根据矿区的实际生产情况，对优化的目标有不同程度的偏好，如首先提高煤炭产量，其次提高能源利用效率，最后是治理环境污染。本书将充分考虑不同管理者对不同目标的偏好程度，对已经得到的 Pareto 解集进行筛选，得到少数几个 Pareto 解。不同偏好的管理者可以根据相应的偏好选择对应的煤炭生产计划方案和节能减排投资方案。

从 Pareto 解集中筛选出有限几个 Pareto 解，这属于多属性决策的范畴。因此，这里需要借助于多属性决策的方法，根据管理者的偏好从有限方案集中进行最终的选择。下文将具体介绍几种多属性决策方法。

一、减法聚类

减法聚类[220]（Subtractive Clutering，SC）是基于目标空间通过计算和更新每个 Pareto 解的势能（Potential）以及相应的类中心的接受规则确定最终类中心的。这种聚类方法不同于 k – 均值和模糊 c – 均值，它不要求目标函数是最小化问题，也不需要任何的初始化过程，故它的聚类结果是独立于初始的类中心和隶属度函数的，而且聚类中心是一组目标向量，可以直接用来描述 Pareto 前端的分布特征。

减法聚类的计算过程大致分为三个步骤：

（1）确定类中心。首先计算一系列聚类半径下每个 Pareto 解的势（Potential），并根据类中心接受原则确定类中心，并根据类中心更新剩下 Pareto 解的势（Potential）；然后根据得到的类中心计算全局轮廓值（Global Silhouette Value）来评估第一步中确定的类中心的准确性和最优性，根据最大轮廓值确定相应的聚类半径，并选择对应的聚类中心作为最终的聚类中心。

（2）Pareto 解归类。根据隶属度最大原则，对剩下的 Pareto 解进行归类。

（3）选择每一类的代表解。参照理想点选择最终的代表解。

具体的计算过程如下：

1. 类中心的确定和 Pareto 解归类

认为 Pareto 解集包含 n 个非支配解，对于第 i 个解 $\theta^i (i = 1, 2, \cdots, n)$ 的目标向量为：

$$\underline{J}(\theta^i) = (J_1(\theta^i) J_2(\theta^i) \cdots J_{Nobj}(\theta^i)) \tag{6-1}$$

式中，Nobj 是目标函数的数量。

由于不同的目标有不同的度量单位，为了消除不一致性，故需要将这些目标函数标准化，标准化的方法采用最大最小值法：

$$\underline{J}_{norm}(\theta^i) = (J_{1,norm}(\theta^i), J_{2,norm}(\theta^i), \cdots, J_{Nobj,norm}(\theta^i)) \tag{6-2}$$

$$J_{s,norm}(\theta^i) = \frac{J_s(\theta^i) - J_{s,min}}{J_{s,max} - J_{s,min}}, \quad s = 1, \cdots, Nobj \tag{6-3}$$

式中，$J_{s,min} = \min_i J_s(\theta^i)$，$J_{s,max} = \max_i J_s(\theta^i)$。

基于标准化的目标函数值，每个 Pareto 解的势能（Potential）计算公式如下：

$$P(\underline{J}_{norm}(\theta^i)) = \sum_{l=1}^{n} e^{-\alpha\|\underline{J}_{norm}(\theta^i) - \underline{J}_{norm}(\theta^l)\|^2}, \quad \alpha = \frac{4}{r_a^2} \tag{6-4}$$

式中，$r_a \in [0, 1]$ 被称为聚类半径，代表着类中心的影响范围，决定了聚类数目 K 的大小，聚类半径 r_a 越大，每个类中解的数量越多，聚类数目 K 越小。在一般情况下，$r_a < 0.5$。

在所有的 Pareto 解的势计算完之后，将具有最大势能 $P(\underline{J}_{norm}(\theta^i))$ 的解作为第 1 个类中心 $\underline{J}_{norm}^1$，据此更新剩下的（n - 1）个解的势能 $P(\underline{J}_{norm}(\theta^i))$，更新公式如下：

$$P(\underline{J}_{norm}(\theta^i)) = P(\underline{J}_{norm}(\theta^i)) - P(\underline{J}_{norm}^1)e^{-\beta\|\underline{J}_{norm}(\theta^i) - \underline{J}_{norm}^1\|^2}, \quad \beta = \frac{4}{r_b^2}, \quad r_b = qr_a \tag{6-5}$$

式中，q 被称为缩减因子，是一个输入参数，刻画聚类半径的缩小程度，如果 q = 2，则表明目前发现的类相互之间相隔较远。$e^{-\beta\|\underline{J}_{norm}(\theta^i) - \underline{J}_{norm}^1\|^2}$ 被认为是第 i 个解和第 1 个类中心的距离。因此，式（6-5）指在第 1 个类中心确定之后，剩下的解的势能减少，减少量与距离第 1 个类中心的距离大小有关。

以此类推，第 2 个类中心将从剩下的（n - 1）个解中选取，将具有最大的势能的解作为第 2 个类中心 $\underline{J}_{norm}^2$。

在一般情况下，对于被发现的第 j 个类中心 $\underline{J}_{norm}^j$，j = 1，2，…，K 的势能按照如下一般公式进行更新：

$$P(\underline{J}_{norm}(\theta^i)) = P(\underline{J}_{norm}(\theta^i)) - P(\underline{J}_{norm}^j)e^{-\beta\|\underline{J}_{norm}(\theta^i) - \underline{J}_{norm}^j\|^2} \tag{6-6}$$

对于后续的类中心的选择，需要基于第 1 个类中心的势能，按照类中心的接受和拒绝原则进行确定，两个原则分别如下：

$$P(\underline{J}_{norm}^j) \geq \bar{\varepsilon} P(\underline{J}_{norm}^1) \tag{6-7}$$

$$P(\underline{J}_{norm}^j) \leq \underline{\varepsilon} P(\underline{J}_{norm}^1) \tag{6-8}$$

式中，$\bar{\varepsilon}$ 和 $\underline{\varepsilon}$ 分别为接受比率和拒绝比率。如果满足式（6-7），则接受 $\underline{J}_{norm}^j$ 作为类中心，然后按照式（6-5）继续更新每个 Pareto 解的势能；如果满足式（6-8），则拒绝 $\underline{J}_{norm}^j$ 作为类中心，然后终止聚类进程，输出类中心；如果式（6-7）和式（6-8）都不满足，则新的接受准则如下：

$$\frac{d_{min}}{r_a} + \frac{P(\underline{J}_{norm}^j)}{P(\underline{J}_{norm}^1)} \geq 1 \tag{6-9}$$

式中，$d_{min} = \min\limits_h \|\underline{J}_{norm}^j - \underline{J}_{norm}^h\|_2$，$h = 1, 2, \cdots, j-1$，即解 $\underline{J}_{norm}^j$ 与之前得到的 $j-1$ 个类中心的最近距离。

当所有的聚类中心确定之后，隶属度矩阵 μ 利用标准的高斯分布计算：

$$\mu_{j,i} = e^{-\alpha \|\underline{J}_{norm}(\theta^i) - \underline{J}_{norm}^j\|^2} \tag{6-10}$$

此式表明解 $\underline{J}_{norm}(\theta^i)$ 与类中心 $\underline{J}_{norm}^j$ 的距离越近，隶属度就越大。

接下来按隶属度函数（6-10）计算第 i 个解对第 j 个类中心的隶属度，按照隶属度最大原则，将解 $\underline{J}_{norm}(\theta^i)$ 归属到隶属度最大的第 j 类 F^j，即

$$\mu_{j,i} = \max\limits_p \mu_{p,i}, \quad p = 1, 2, \cdots, K \tag{6-11}$$

2. 聚类半径 r_a 的确定

由上文的描述可知，聚类半径 r_a 是一个非常重要的参数，它确定了聚类数目的多少，以及后续的代表解的选取。为了合理地设置这个参数，Rousseeuw[222,223] 提出用全局轮廓值（Global Silhouette Value）这一指标来衡量类中心安排是否最优。对于每一个类，全局轮廓值 GS 定义如下：

$$GS = \frac{1}{K} \sum_{j=1}^{K} S_j \qquad (6-12)$$

式中，S_j 是第 j 类 F^j 的轮廓值，即第 j 类中解的轮廓宽度 $S(i)$ 的平均值，它是区别于其他类的一个属性值，其计算公式如下：

$$S(i) = \frac{b(i) - a(i)}{\max\{a(i),\ b(i)\}} \qquad (6-13)$$

式中，$a(i)$ 是第 j 类中所有其他解距离第 i 个解的平均距离，$b(i)$ 是距离第 j 类最近的邻居类中的所有解距离第 j 类中第 i 个解的平均距离，而距离第 j 类最近的邻居类则是通过计算类中的所有解与第 i 个解的最小平均距离确定的。$S(i) \in [-1,\ 1]$，如果 $S(i) = +1$，说明邻居类距离第 j 类很远；如果 $S(i) = 0$，说明解属于那些无法被清晰判别的；如果 $S(i) = -1$，说明解被错判了类别。

这样，计算得到不同聚类半径 r_a 下的全局轮廓值 GS，选择最大的全局轮廓值 GS 对应的聚类半径 r_a，就得到聚类数目 K 的大小。

3. 代表解的选择

上述计算过程已经将所有的解进行了聚类，第 j 类 F^j，j = 1, 2, $\cdots$, K，包含在目标空间有相似特征的 n^j 个解。每一类的代表解 $H^j = (H_1^j \cdots H_S^j \cdots H_{Nobj}^j)$，这里将采用参照理想点的方法确定。

由聚类的过程可知，所有的计算是基于数据标准化基础上的，所有的目标函数值都被转化为 $[0,\ 1]$ 的范围，即 $0 \leqslant \underline{J}_s(\theta^i) \leqslant 1$，而且本书的三个目标都是转化成最小值进行计算的，故可以认为理想点为

$$\theta^*:\underline{J}_s(\theta^i) = 0, \quad \forall s = 1,\ 2,\ \cdots,\ Nobj \qquad (6-14)$$

这里每个点与理想解的距离取 1-范式距离：

$$1\text{-norm}:\ \|\underline{J}(\theta^i)\|_1 = \sum_{s=1}^{Nobj} \underline{J}_s(\theta^i),\ 0 \leqslant \|\underline{J}(\theta^i)\|_1 \leqslant s \qquad (6-15)$$

每一类的中心在某种程度上可以代表此类解的相似性，类中心是由类中解之间的距离最小化确定的，没有考虑与理想点的相对距离。所以，认为代表解为每一类中距离理想点最近的解。

$$\|\underline{H}^j\|_1 = \min \|\underline{J}(\theta^i)\|_1, \quad k = 1, 2, \cdots, n^j; \quad j = 1, 2, \cdots, K \quad (6-16)$$

二、多属性联赛决策

多属性联赛决策（Multicriteria Tournament Decision，MTD）[224] 是 Parreiras 和 Vasconcelos 提出的后验式决策方法。它充分考虑决策者的偏好，并将这种偏好采用一种特殊的方式进行处理，通过选择函数对一系列候选解集进行排序，从中筛选出最终满意的解。

继 MTD 之后，Parreiras 和 Vasconcelos 继续研究 Pareto 前端的形状对最终解选择的影响，认为 Pareto 前端上如果存在拐点，则处于拐点处的解有可能是更好的最终解，为了验证这一想法，在 MTD 的基础上，又提出了增益分析法（Gain Analysis Method，GAM）。GAM 这种方法是采用边际收益分析的思想，分析决策者偏好的微小变化对最终选择的影响，寻找 MTD 所得解的替代解。这种方法既考虑了决策者的偏好，又区分了偏好的细微差别，同时没有任何信息的损失。

这里将其称为 MTD-GAM，具体计算过程如下：

1. 确定准则集

将 Pareto 解集作为候选解集 A，用于比较不同选择的准则集 $C = \{c_1, \cdots, c_q\}$。根据多目标的特点，可以将每个目标作为准则集。因此，准则的个数 $q = Nobj$。

2. 构造联赛选择函数 $T_s(a, A)$

此函数基于每一个准则对每一个解进行两两比较，记录每个解在两两比较中胜出次数的比例。记 a 和 b 分别为 Pareto 解集 A 中两个非支配解，即 $a = \underline{J}(\theta^i) = (J_1(\theta^i)J_2(\theta^i)\cdots J_{Nobj}(\theta^i))$，$b = \underline{J}(\theta^j) = (J_1(\theta^j)J_2(\theta^j)\cdots J_{Nobj}(\theta^j))$。对于目标最小化问题，$T_s(a, A)$ 定义如下：

$$T_s(a, A) = \sum_{\forall b \in A \wedge a \neq b} \frac{t_s(a, b)}{(|A| - 1)} \quad (6-17)$$

式中，$t_s(a, b)$ 定义为 0-1 变量：

$$t_s(a,\ b) = \begin{cases} 1,\ if\ J_s(\theta^j) - J_s(\theta^i) > 0 \\ 0,\ otherwise \end{cases} \tag{6-18}$$

3. 构造排序矩阵 $R(\cdot)$

虽然 $T_s(a,\ A)$ 赋予每个解 1 个的在每个准则上 1 个分数，但要想得到解的整体分数，还需要结合决策者对每个准则的偏好，通过偏好将解的每个准则分数整合起来，这样就可以对解集 A 中的每个解进行排序了。决策者对每个准则的偏好通常用权重 w_s 的形式体现。$T_s(a,\ A)$ 与 w_s 的结合方式有加权几何平均和最小指数两种方式，本书采用最小指数方式：

$$R(a) = \min\{T_1(a,\ A)^{w_1},\ \cdots,\ T_s(a,\ A)^{w_{Nobj}}\} \tag{6-19}$$

式中，$w_s > 0$，$\sum_{s=1}^{Nobj} w_s = 1$。

4. 计算权重 w_s

决策者表达偏好的方式有很多种，如偏好顺序、效用函数、逻辑语义等。偏好表达方式的多样性给偏好的度量带来了一定的困难。将偏好转化成可量化计算的权重 w_s 需要借助于转化函数。

这里采用基于倍数偏好关系的转化方法。p_{sx} 是准则 c_s 和 c_x 的倍数偏好关系，反映决策者更偏好 c_s 的程度，即决策者认为 c_s 比 c_x 重要 p_{sx} 倍。然而如何将偏好转化成倍数关系呢？转化函数采用从 1 到 9 的自然数刻画偏好的密度：

假设决策者对准则 c_s 和 c_x 偏好的顺序为 o_s 和 o_x，则

$$p_{sx} = 9^{u_s - u_x} \tag{6-20}$$

式中，$u_s = \dfrac{Nobj - o_s}{Nobj - 1}$，$u_x = \dfrac{Nobj - o_s}{Nobj - 1}$。

权重 w_s 为倍数偏好关系 p_{sx} 的几何平均值：

$$w_s = \left(\prod_{s=1}^{Nobj} p_{sx}\right)^{1/Nobj} \tag{6-21}$$

最后将这些权重标准化，使得 $\sum_{s=1}^{Nobj} w_s = 1$。

至此，MTD 的计算过程结束。下面就是 GAM 的计算过程。

5. 替代解的收益损失分析

通过计算替代可能造成的收益和损失，选择收益最大、损失为 0 的解，替代 MTD 得到的解。假设 MTD 得到解 a，A 中另外一个替代候选解 b，b 和 a 在目标空间的标准化的距离为 $d_s = \dfrac{J_s(\theta^j) - J_s(\theta^i)}{J_{s,max} - J_{s,min}}$。

损失函数定义如下：

$$l(a,\ b) = \sum_{s=1}^{Nobj} \begin{cases} 0, & d_i \leqslant 0 \\ d_i, & 0 < d_i \leqslant \varepsilon \\ \infty, & d_i > \varepsilon \end{cases} \qquad (6\text{--}22)$$

式中，$\varepsilon \in [0,\ 1]$ 代表决策者能承受的最大损失。

收益函数定义如下：

$$g(a,\ b) = \sum_{s=1}^{Nobj} \begin{cases} 0, & d_i \geqslant 0 \\ \phi|d_i|, & d_i < 0 \end{cases} \qquad (6\text{--}23)$$

式中，$\phi \in [0,\ 1]$，这个参数主要是用于区别之前替代产生的等量损失值。

最终计算全局收益值：

$$G(a,\ b) = g(a,\ b) - l(a,\ b) \qquad (6\text{--}24)$$

如果 $G(a,\ b) \leqslant 0$，说明没有比 a 更好的替代解。

三、混合聚类算法

上面介绍了几种多属性决策方法，分别使用这三种方法运算，通过观察计算结果可知，减法分类 SC 最终得到的代表解的数量过多，有时多达 20 多个。此时管理者面临这些候选方案，仍然需要很长时间去挑选最终的实施方案。为此，本书结合上面的三种方法，提出一种混合聚类 SC-MTD-GAM 的筛选方法。混合聚类 SC-MTD-GAM 是在保持

Pareto 解集前端分布形状的基础上，考虑决策者偏好选择最终决策方案的一种组合聚类方法。它首先利用 SC 的思想，选出具有最大势能的解，根据类中心接受和拒绝原则确定类中心，并不断更新剩余解的势能，最终得到能代表 Pareto 解集前端分布的有限数量的聚类中心；在此基础上，将每个优化目标作为评价准则，运用联赛选择函数计算聚类中心在每个评价准则上两两比较胜出的次数，同时用倍数偏好关系量化决策者偏好，计算评价准则的权重，结合权重和胜出次数，利用最小指数法构造排序矩阵，将每种偏好下排在第一位的解作为满意解，此时在聚类中心中寻找满意解的可替代解，根据收益损失确定最终的决策方案。具体流程图如图 6-1 所示。

第二节　静态决策方案

将第四章静态多目标得到的 Pareto 解集记为 A，这里将充分考虑管理者对目标的不同偏好，使用 SC-MTD-GAM 筛选出最终的节能减排投资方案。

算法中的输入参数取值如下：缩减因子 q = 1.25，聚类中心接受上限比例 $\bar{\varepsilon}$ = 0.5，拒绝下限比例 $\underline{\varepsilon}$ = 0.15。

本书节能减排多目标模型的优化目标有经济效益目标、能源效益目标、环境效益目标，准则集 C = {c_1, c_2, c_3}，故管理者对不同目标的偏好有 7 种不同的情况，如表 6-1 所示。

减法分类介绍中提到聚类半径并不是越大越好，也不是越小越好，一般情况下，r_a < 0.5。为了计算得到最优的聚类半径 r_a，本书采用穷举法，让 r_a 以 0.01 的步长取 [0.1，0.5] 之间的数，由于篇幅限制，图 6-2 只显示了 r_a 取 [0.1，0.28] 区间的轮廓值 GS。从中可以看到，当

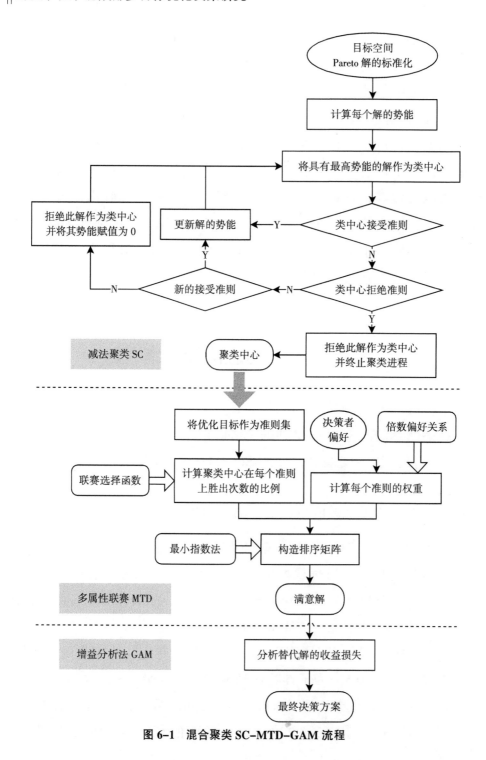

图 6-1 混合聚类 SC-MTD-GAM 流程

表 6-1　不同决策偏好的权重集

决策偏好	准则排序	权重集 (W_1, W_2, W_3)
A	($c_1 > c_2 > c_3$)	(0.69, 0.23, 0.08)
B	($c_1 > c_3 > c_2$)	(0.69, 0.08, 0.23)
C	($c_2 > c_1 > c_3$)	(0.23, 0.69, 0.08)
D	($c_2 > c_3 > c_1$)	(0.08, 0.69, 0.23)
E	($c_3 > c_1 > c_2$)	(0.23, 0.08, 0.69)
F	($c_3 > c_2 > c_1$)	(0.08, 0.23, 0.69)
G	($c_1 \sim c_2 \sim c_3$)	(0.33, 0.33, 0.33)

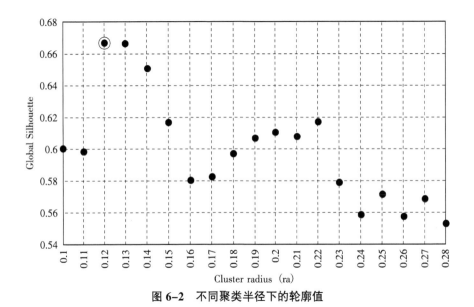

图 6-2　不同聚类半径下的轮廓值

$r_a = 0.12$ 时，GS 最大（图中左上角用圆圈标出），对应的最优聚类数 K = 40。

由此可见，候选方案集仍然很庞大，有必要使用 MTD 和 GAM 继续进行筛选。通过 SC–MTD 筛选后得到的 7 个解如表 6-2 中第二列所示，分别对应 A 至 G 7 种不同的偏好，其中有效解有 6 个，决策偏好 A 和 C 的解相同，说明将环境效益放在最后一位考虑，无论优先考虑经济效益还是能源效益的效果是一样的，最终采取的节能减排方案是相同的。然而优先考虑环境效益，经济效益和能源效益的偏好顺序影响最终投资方案的选择，如 E 和 F。优先考虑经济效益，能源效益和环境效益的偏好关系不同，最终投资方案也不相同，如 A 和 B。在 SC-MTD 的基础上，进一步采用 GAM 进行筛选，得出偏好 A、C、E 的解相同；偏好 C 和 F 的解相同，最终只得到 4 种投资方案，分别是偏好 A、B、D、G 对应的解。

表 6-2　不同决策偏好下的解集

决策偏好	SC-MTD 解	SC-MTD-GAM 解	$(\Delta f_1, \Delta f_2, \Delta f_3)$
A	8.33E + 06, 1.92E + 07, 1.55E + 05	8.63E + 06, 1.87E + 07, 3.28E + 05	−3.01E + 05, 4.29E + 05, −1.74E + 05
B	8.10E + 06, 1.70E + 07, 1.51E + 06	8.37E + 06, 1.78E + 07, 1.08E + 06	−2.76E + 05, −8.42E + 05, 4.29E + 05
C	8.33E + 06, 1.92E + 07, 1.55E + 05	8.63E + 06, 1.87E + 07, 3.28E + 05	−3.01E + 05, 4.29E + 05, −1.74E + 05
D	1.03E + 07, 2.46E + 07, 6.10E + 05	1.01E + 07, 2.39E + 07, 2.71E + 05	1.82E + 05, 6.84E + 05, 3.39E + 05
E	8.37E + 06, 1.78E + 07, 1.08E + 06	8.63E + 06, 1.87E + 07, 3.28E + 05	−2.59E + 05, −9.03E + 05, 7.49E + 05
F	1.02E + 07, 2.38E + 07, 1.42E + 06	1.01E + 07, 2.39E + 07, 2.71E + 05	1.12E + 05, −9.31E + 04, 1.15E + 06
G	9.23E + 06, 2.04E + 07, 1.24E + 06	9.15E + 06, 2.02E + 07, 4.39E + 05	8.50E + 04, 1.78E + 05, 7.97E + 05

有效解对应的点如图 6-3 所示。图中同时将减法分类 SC、MTD、GAM 三种方法的筛选结果显示在一张图上，其中，实心点是初始的 Pareto 解集 A；星形代表减法分类 SC 得到的代表解；圆圈代表 SC-MTD 得到的解；方形代表最终的 SC-MTD-GAM 的候选方案。

按照偏好，本书分别称这四种有效解为经济偏好型、能源节约型、协调发展型（环保持续型）。其中决策偏好 A 和 B 属于经济偏好型；决策偏好 D 属于能源节约型；G 属于协调发展型。对应的投资方案分别如表 6-3、表 6-4、表 6-5 所示。

根据经济偏好投资方案 A，在"十二五"规划期内，矿区每年的煤炭生产计划依次是 106.09 万吨、243.02 万吨、214.19 万吨、231.97 万吨、67.82 万吨；2011~2013 年对掘进、回采、提升、选煤四个关键

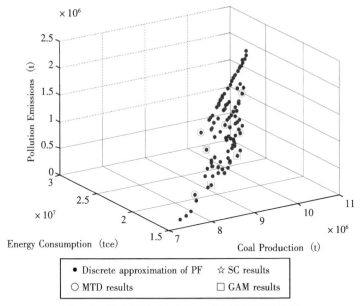

图 6-3　混合算法 SC-MTD-GAM 的筛选结果

表 6-3　经济偏好型投资方案

年份	经济偏好型 A			经济偏好型 B		
	煤炭产量（万吨）	节能改造	减排处理	煤炭产量（万吨）	节能改造	减排处理
2011	106.09	(掘进、回采、提升、选煤)	项目 1	85.72	(掘进、回采、提升、选煤)	—
2012	243.02	(掘进、回采、提升、选煤)	项目 1	241.67	(掘进、回采、提升、选煤)	—
2013	214.19	(掘进、回采、提升、选煤)	—	221.44	(掘进、回采、提升、选煤)	—
2014	231.97	(掘进、回采)	—	233.82	(掘进、回采、选煤)	项目 1
2015	67.82	(回采、提升)	—	54.59	(掘进、回采、提升、选煤)	—

注：项目 1 是脱硫及矿井水处理技术，项目 2 是煤矸石综合利用项目。

表 6-4　能源节约型投资方案

年份	煤炭产量（万吨）	节能改造	减排处理
2011	225.04	(掘进、回采、提升)	项目 1
2012	248.62	(掘进、回采、提升、选煤)	项目 1
2013	172.19	(掘进、提升、选煤)	项目 1
2014	221.79	(掘进、回采、提升、选煤)	项目 1
2015	144.70	—	项目 1

注：项目 1 是脱硫及矿井水处理技术，项目 2 是煤矸石综合利用项目。

表 6-5　协调发展型投资方案

年份	煤炭产量（万吨）	节能改造	减排处理
2011	147.04	（掘进、回采、提升、选煤）	项目 2
2012	245.09	（掘进、回采、提升、选煤）	—
2013	199.71	（掘进、回采、提升、选煤）	项目 2
2014	228.43	（掘进、回采、提升、选煤）	—
2015	94.32	（回采、选煤）	—

注：项目 1 是脱硫及矿井水处理技术，项目 2 是煤矸石综合利用项目。

工序进行设备节能改造，但是只有前两年利用综合治理利用项目"脱硫及矿井水处理"进行减排工作；2014 年对掘进和回采工序进行节能改造；2015 年对回采和提升工序进行节能改造。在此投资方案中，只在前两年进行减排处理，这是因为前几年的节能设备改造工程已经达到了"十二五"规划的节能减排要求，而且由于节能改造工程和综合治理利用项目的累计效应，矿区在高效率利用能源和环保的条件下进行煤炭生产。根据经济偏好投资方案 B，在"十二五"规划期内，矿区每年的煤炭生产计划依次是 85.72 万吨、241.67 万吨、221.44 万吨、233.82 万吨、54.59 万吨；只有 2014 年实施综合治理利用项目"项目脱硫及矿井水处理"进行减排处理；2011~2013 年和 2014 年对掘进、回采、提升、选煤四个关键工序都进行设备节能改造；2014 年对掘进、回采、选煤三个关键工序进行节能设备改造。在此投资方案中，只在 2014 年进行一次减排处理，原因是整个规划期的总产量在四种方案中是最低的，故减少煤炭的生产，污染排放物也就相应减少，说明投资方案 B 是利用削减煤炭的产量来达到减排的目的。

根据能源节约型投资方案，在"十二五"规划期内，矿区每年的煤炭生产计划依次是 225.04 万吨、248.62 万吨、172.19 万吨、221.79 万吨、144.70 万吨；规划期内每一年都实施综合治理利用项目"脱硫及矿井水处理"进行减排工作；2012 年和 2014 年对掘进、回采、提升、选煤四个关键工序进行设备节能改造；2011 年对掘进、回采、提升三个关键工序进行节能改造；2013 年分别对掘进、提升、选煤三个工序进行设备改造；2015 年只进行减排工作，不需要进行节能改造。

根据协调发展型投资方案，在"十二五"规划期内，矿区每年的煤炭生产计划依次是 147.04 万吨、245.09 万吨、199.71 万吨、228.43万吨、94.32 万吨；分别在 2011 年和 2013 年采用综合治理利用项目"煤矸石综合利用"进行减排处理；2011~2014 年都对掘进、回采、提升、选煤四个工序进行节能设备改造工程，2015 年只对回采和选煤进行节能改造。

限于篇幅，这里选择经济偏好型 A 投资方案与未实施节能减排的煤炭生产情况进行比较，如图 6-4 至图 6-11 所示，分别对节能减排前后的煤炭产量、能源消耗、污染物排放进行分析。

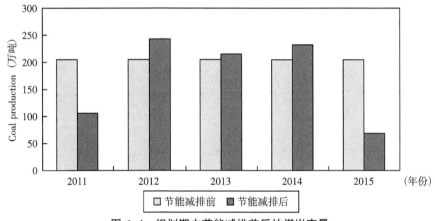

图 6-4　规划期内节能减排前后的煤炭产量

由图 6-4 可以得知，煤炭产量在 2011~2015 年波动较大，其主要原因是节能设备改造工程和综合治理利用项目的投资计划刚刚落实，节能减排的目标不足以实现，故需要通过降低煤炭产量的方式，减少能源的使用和污染物的排放，满足节能减排的指标要求。2011 年，进行节能减排投资，煤炭产量明显下降就是这个原因。此后，随着节能措施和综合治理利用项目的实施，煤炭生产过程中的单位煤炭产量的能源消耗量与污染物排放量均有所减少，尤其是污染物排放量显著降

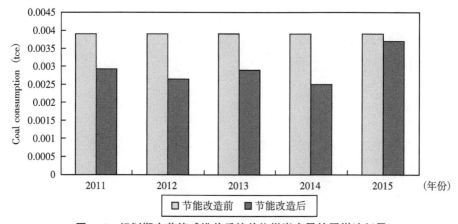

图 6-5　规划期内节能减排前后的单位煤炭产量的原煤消耗量

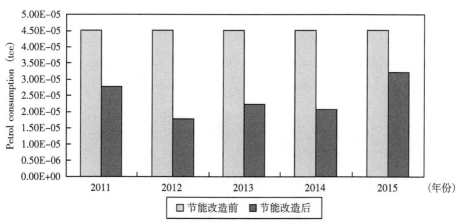

图 6-6　规划期内节能减排前后的单位煤炭产量的汽油消耗量

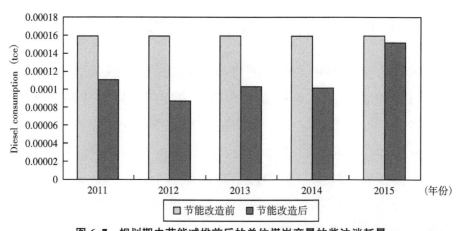

图 6-7　规划期内节能减排前后的单位煤炭产量的柴油消耗量

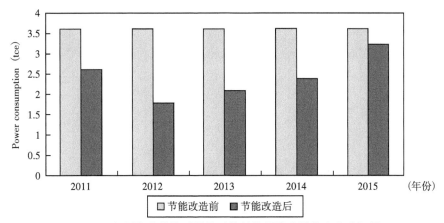

图 6-8　规划期内节能减排前后的单位煤炭产量的电力消耗量

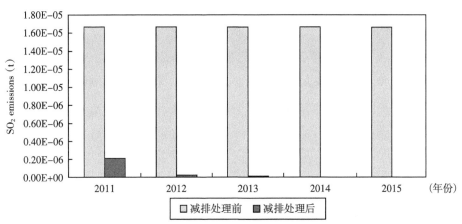

图 6-9　规划期内节能减排前后的单位煤炭产量的 SO_2 排放量

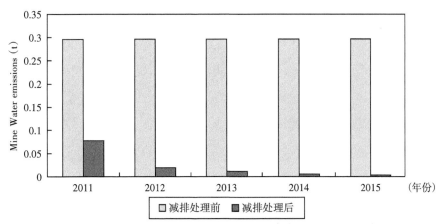

图 6-10　规划期内节能减排前后的单位煤炭产量的矿井水排放量

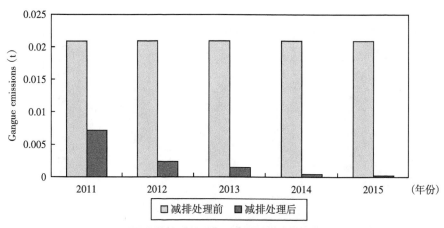

图 6-11　规划期内节能减排前后的单位煤炭产量的煤矸石排放量

低，在规划期最后一年，污染物基本上接近于零排放，SO_2 的处理率达到 100%，矿井水和煤矸石也得到了充分的循环利用，说明能源节约和污染物排放减少的累积效应越来越明显，不再需要通过降低煤炭产量的方式达到节能减排目标，故 2012~2014 年煤炭产量相比节能减排前不但没有降低，反而增加了。可见，节能改造和排放物的治理在短期内可能使矿区的煤炭产量有所减少，但从长远来看，不但完成了节能减排的目标，而且还能提高能源利用效率，促进矿区煤炭的生产，保持矿区可持续发展。但是在 2015 年，煤炭的产量不到 100 万吨，通过计算剩余的煤炭资源和投资资金可知，煤炭资源还有 1379.7 万吨，而投资资金只剩下 9 万元，而剩余的 9 万元远远不足以投资任何一项节能改造项目和减排处理工程，所以为了达到节能减排的目标，不得不以牺牲煤炭产量为代价，因此节能减排工作是一项长期的工作。

　　综上所述，在目前的资源和投资资金的约束下，这个节能减排投资方案充分考虑经济、能源和环境的关系，是一种综合效益较大的煤炭矿区发展方式。

第三节　动态决策方案

这一小节将继续多属性决策方法 SC–MTD–GAM 对第五章动态多目标得到的 Pareto 解集进行筛选，得到最终的节能减排投资方案。算法中的输入参数与上一小节静态多目标的解集筛选相同，管理者的决策偏好仍然参照表 6–1 中的 7 种情况计算。

设动态多目标的 Pareto 解集为 A。为了在最优的聚类半径 r_a 下对 A 进行聚类，这里依然采用穷举的方法，让 r_a 以 0.01 的步长取 [0.1，0.5] 之间的数值，分别计算每个聚类半径 r_a，判别哪个半径下得到的轮廓值最大。由于篇幅的限制，图 6–12 只显示了每个时刻 t 的 r_a 取 [0.1，0.27] 区间的轮廓值 GS。取每个时刻的最大轮廓值 GS（图中用圆圈标出）对应的聚类半径 r_a，即可得到最优的聚类数，如表 6–6 所示。在第一个时刻，最优聚类半径 r_a = 0.1，相应的聚类数目 K = 22；在第二个时刻，最优聚类半径 r_a = 0.23，相应的聚类数目 K = 9；在第三个时刻，最优聚类半径 r_a = 0.1，相应的聚类数目 K = 22；在第四个时刻，最优聚类半径 r_a = 0.11，相应的聚类数目 K = 19；在第五个时刻，最优聚类半径 r_a = 0.25，相应的聚类数目 K = 12。

由此可以看出，每个时刻的聚类数目都很大，筛选得到的 Pareto 解仍然很多，需要继续使用 MTD–GAM 进行二次筛选。最终筛选得到的解如表 6–7、表 6–8 所示，显示了每个时刻 t 下的可供选择的节能减排投资方案。每一年管理者可以根据自己的决策偏好，确定投资方案。第一、第二年管理者分别有 3 种投资选择方案；第三年管理者有 4 种投资方案选择；第四、第五年管理者分别有 5 种候选投资方案。

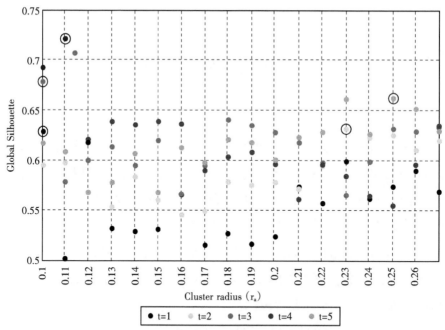

图 6-12　不同时刻不同聚类半径下的轮廓值

表 6-6　最大轮廓值对应的最优聚类半径

	t=1	t=2	t=3	t=4	t=5
轮廓值 GS	0.6293	0.6323	0.6785	0.7211	0.6634
聚类半径 r_a	0.1	0.23	0.1	0.11	0.25
聚类数目 K	22	9	22	19	12

表 6-7　不同决策偏好下不同时刻的 SC-MTD-GAM 解集 （a）

t = 1	t = 2	t = 3
1.00E−03, 1.87E−03, 5.35E−05	6.68E+05, 1.20E+06, 1.45E+04	1.00E−03, 1.65E−03, 7.53E−06
1.68E+06, 3.18E+06, 9.10E+04	1.91E+06, 3.38E+06, 4.04E+04	7.54E+05, 1.26E+06, 5.77E+03
1.62E+06, 3.05E+06, 8.72E+04	1.00E+06, 1.80E+06, 2.16E+04	2.10E+06, 3.49E+06, 1.60E+04
—	—	1.38E+06, 2.32E+06, 1.08E+04

表 6-8　不同决策偏好下不同时刻的 SC-MTD-GAM 解集 （b）

t = 4	t = 5
1.00E−03，1.53E−03，2.49E−06	2.53E+05，5.44E+05，3.56E+02
6.75E+05，1.10E+06，1.85E+03	8.62E+05，1.36E+06，6.80E+02
1.58E+06，2.43E+06，3.96E+03	2.09E+06，3.25E+06，1.63E+03
4.19E+05，6.77E+05，1.14E+03	1.70E+06，2.62E+06，1.31E+03
9.62E+05，1.50E+06，2.46E+03	1.27E+06，1.99E+06，9.97E+02

这些投资方案在目标空间的分布分别如图 6-13 至图 6-17 所示。图中同时将减法分类 SC、MTD、GAM 三种方法的筛选结果显示在同一张图上，其中星形代表减法分类 SC 得到的代表解；圆圈代表 SC-MTD 得到的解；方形代表最终的 SC-MTD-GAM 的候选方案。从中可以得出以下三个特点，在第一个时刻，SC-MTD 和 SC-MTD-GAM 有一个相同的解；而在第二、第五个时刻，两种筛选算法得到的最终解是完全一样的，原因是减法分类得到的代表解相对分散，周围没有比当前解更好的可以替代的点；而第三、第四个时刻，SC-MTD-GAM 的解比 SC-MTD 的解更靠近理想点，说明 GAM 对 MTD 的解进行了完全替代。

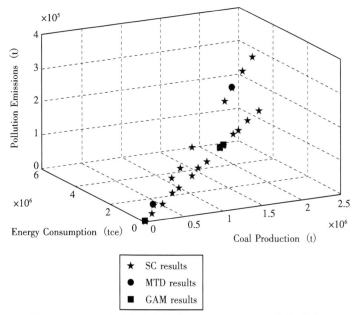

图 6-13　t = 1 时刻的混合算法 SC-MTD-GAM 的筛选结果

虽然每年有很多投资方案可供选择，但是动态多目标优化在求解的过程中涉及时刻 t 与时刻（t-1）Pareto 解的关联性，即前后时刻解的时间序列特征。图 6-18 给出了整个规划期内的解的关联性。图中所有的箭线代表当前时刻 t 与上一时刻 （t-1）相互关联的解。从右往左看，t = 5 中的第一个解 S5（1）与 t = 4 中的第四个解 S4（4）相关联，

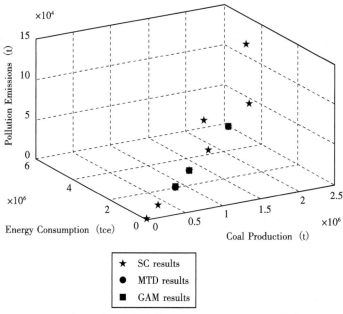

图 6–14　t = 2 时刻的混合算法 SC–MTD–GAM 的筛选结果

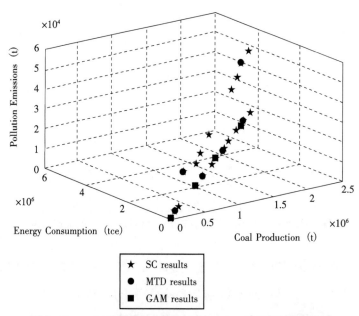

图 6–15　t = 3 时刻的混合算法 SC–MTD–GAM 的筛选结果

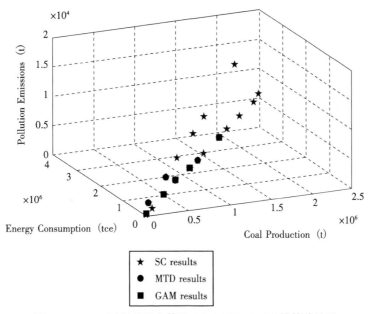

图 6-16 t = 4 时刻的混合算法 SC–MTD–GAM 的筛选结果

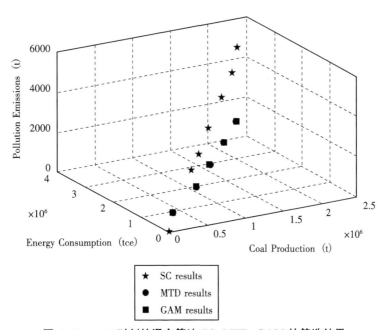

图 6-17 t = 5 时刻的混合算法 SC–MTD–GAM 的筛选结果

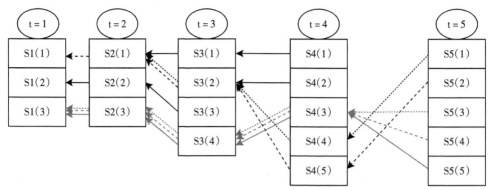

图 6-18　时刻 t 与时刻（t-1）的解的关联性

S4（4）又与 t = 3 中的第二个解 S3（2）相关联，S3（2）又与 t = 2 中的第一个解 S2（1）相关联，S2（1）又与 t = 1 中的第一个解 S1（1）相关联。其他的解以此类推。

　　将这些相互关联的解连接起来，得到五个时间序列解：

A：S1（1）────→S2（1）────→S3（2）────→S4（4）────→S5（1）

B：S1（1）────→S2（1）────→S3（2）────→S4（5）────→S5（2）

C：S1（3）────→S2（3）────→S3（4）────→S4（3）────→S5（3）

D：S1（3）────→S2（3）────→S3（4）────→S4（3）────→S5（4）

E：S1（3）────→S2（3）────→S3（4）────→S4（3）────→S5（5）

　　图 6-18 分别用不同的箭线表示。可以认为，这五个时间序列解正是最终的完整的节能减排投资方案。

　　因为管理者在规划期内的每一年的决策偏好都不相同，每一年的投资方案对应的偏好也就不一定相同，所以这里不能按照偏好对这五种投资方案进行归类。本书将根据这五种投资方案的煤炭生产情况、节能改造和减排处理投资计划综合进行考虑，分别将其称为能源节约型、经济偏好型、协调发展型。其中，A 和 B 属于能源节约型；C 属于经济偏好型；D 和 E 属于协调发展型。表 6-9、表 6-10、表 6-11 给出了相应的煤炭生产计划和节能减排项目投资情况。

表 6-9 能源节约型投资方案

年份	能源节约型 A			能源节约型 B		
	煤炭产量（万吨）	节能改造	减排处理	煤炭产量（万吨）	节能改造	减排处理
2011	1E-07	（掘进、回采、提升、选煤）	项目 1	1E-07	（掘进、回采、提升、选煤）	项目 1
2012	66.84	（掘进、回采、提升、选煤）	项目 1	66.84	（掘进、回采、提升、选煤）	项目 1
2013	75.35	（回采、提升、选煤）	项目 2	75.35	（回采、提升、选煤）	项目 2
2014	41.86	（掘进、回采、提升、选煤）	项目 1	96.25	（掘进、回采、提升、选煤）	项目 1
2015	25.25	—	项目 1	86.19	—	项目 2

注：项目 1 是脱硫及矿井水处理技术，项目 2 是煤矸石综合利用项目。

表 6-10 经济偏好型投资方案

年份	煤炭产量（万吨）	节能改造	减排处理
2011	161.66	（掘进、回采、提升、选煤）	项目 1
2012	100.38	（掘进、回采、提升、选煤）	项目 1
2013	137.53	（掘进、回采、提升、选煤）	项目 1
2014	158.13	（掘进、回采、提升、选煤）	项目 2
2015	208.98	—	项目 2

注：项目 1 是脱硫及矿井水处理技术，项目 2 是煤矸石综合利用项目。

表 6-11 协调发展型投资方案

年份	协调发展型 D			协调发展型 E		
	煤炭产量（万吨）	节能改造	减排处理	煤炭产量（万吨）	节能改造	减排处理
2011	161.66	（掘进、回采、提升、选煤）	项目 1	161.66	（掘进、回采、提升、选煤）	项目 1
2012	100.38	（掘进、回采、提升、选煤）	项目 1	100.38	（掘进、回采、提升、选煤）	项目 1
2013	137.53	（掘进、回采、提升、选煤）	项目 1	137.53	（掘进、回采、提升、选煤）	项目 1
2014	158.13	（掘进、回采、提升、选煤）	项目 2	158.13	（掘进、回采、提升、选煤）	项目 2
2015	169.82	—	项目 1	127.42	—	项目 1

注：项目 1 是脱硫及矿井水处理技术，项目 2 是煤矸石综合利用项目。

对于能源节约型投资方案 A，矿区为了达到"十二五"规划的节能减排目标，每年的煤炭生产计划依次是 1E-07 万吨、66.84 万吨、75.35 万吨、41.86 万吨、25.25 万吨；每年都对污染物进行减排处理工作，不同的是 2013 年投资项目"煤矸石综合利用"进行减排；2011年、2012 年、2014 年对掘进、回采、提升、选煤四个关键工序进行设备节能改造，2013 年对回采、提升、选煤三个工序进行节能改造，2015 年只需要投资项目"脱硫及矿井水处理"进行减排。对于能源节约型投资方案 B，每年的煤炭生产计划依次是 1E-07 万吨、66.84 万吨、75.35 万吨、96.25 万吨、86.19 万吨；2011 年、2012 年、2014 年对掘进、回采、提升、选煤四个关键工序进行设备节能改造，投资项目"脱硫及矿井水处理"进行减排工作，2013 年对回采、提升、选煤三个工序进行节能改造，2013 年和 2015 年投资项目"煤矸石综合利用"减少污染物的排放。总之，能源节约型投资方案偏重减少能源消耗量和污染物排放量，很大程度依赖于降低煤炭的生产大量缩减煤炭产量的方式实现。

对于经济偏好型投资方案，与能源节约型投资方案不同的是，每年的煤炭产量在 100 万吨以上。此方案说明，矿区只要达到"十二五"规划的节能减排目标，就可以保证最大的生产能力和充分利用投资资金，最大化煤炭产量。每年相应的煤炭生产计划分别是 161.66 万吨、100.38 万吨、137.53 万吨、158.13 万吨、208.98 万吨；前四年对掘进、回采、提升、选煤都进行节能改造；同时，前三年投资项目"脱硫及矿井水处理"开展减排工作，后两年投资项目"煤矸石综合利用"继续进行减排。

对于协调发展型投资方案，通过三种方式达到节能减排的目标，分别是降低煤炭产量、投资节能改造工程和减排项目。两种协调发展型投资方案具有极大的相似性，前四年的煤炭生产计划都是 161.66 万吨、100.38 万吨、137.53 万吨、158.13 万吨，2015 年分别是 169.82 万吨和 127.42 万吨。每年的节能改造计划和减排项目投资都是相同的，都是在前四年对掘进、回采、提升、选煤的同时进行节能改造；2014年投资项目"煤矸石综合利用"进行减排处理，其余几年则是选择投资项目"脱硫及矿井水处理"达到减排的要求。

限于篇幅，这里选择经济偏好型投资方案与未实施节能减排的煤炭生产情况进行比较，如图 6-19 至图 6-26 所示，分别对节能减排前后的煤炭产量、能源消耗、污染物排放进行分析。

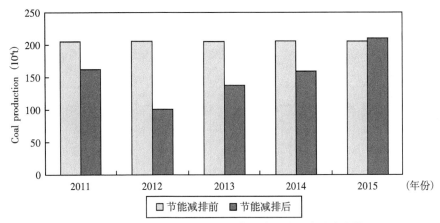

图 6-19　动态多目标规划期内节能减排前后的煤炭产量

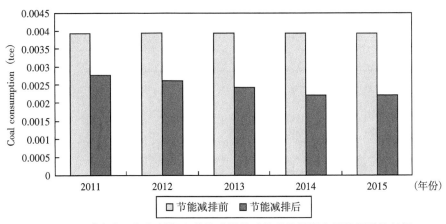

图 6-20　动态多目标规划期内节能减排前后的单位煤炭产量的原煤消耗量

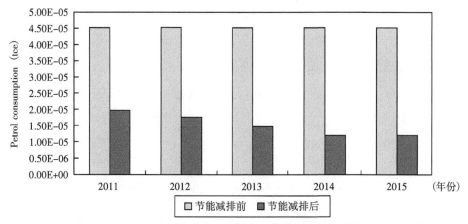

图 6-21　动态多目标规划期内节能减排前后的单位煤炭产量的汽油消耗量

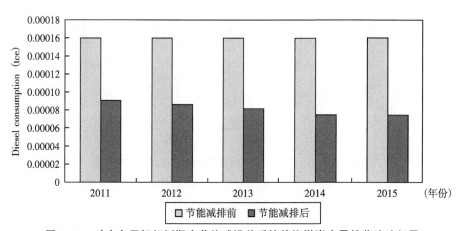

图 6-22　动态多目标规划期内节能减排前后的单位煤炭产量的柴油消耗量

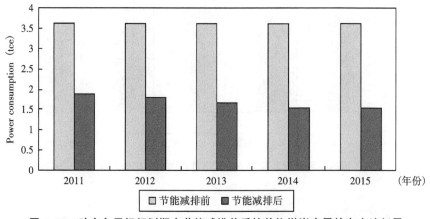

图 6-23　动态多目标规划期内节能减排前后的单位煤炭产量的电力消耗量

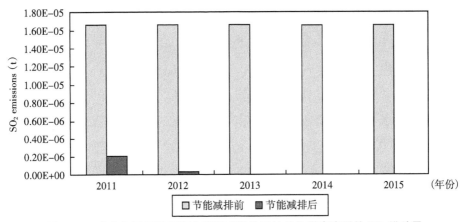

图 6-24 动态多目标规划期内节能减排前后的单位煤炭产量的 SO₂ 排放量

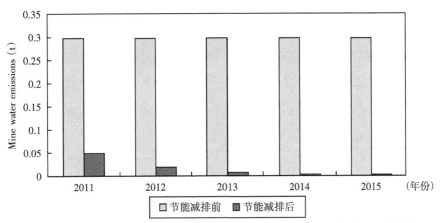

图 6-25 动态多目标规划期内节能减排前后的单位煤炭产量的矿井水排放量

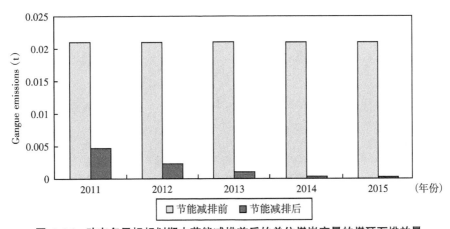

图 6-26 动态多目标规划期内节能减排前后的单位煤炭产量的煤矸石排放量

　　通过对比分析得到，对煤炭生产的关键工序实施节能设备改造，投资综合治理利用项目对污染物进行处理，虽然前几年煤炭产量有所下降，但能源的消耗量大大降低，污染物也显著减少，最后几乎接近零排放，而且随着能源利用效率的不断提高，排放物的综合治理和循环利用，对煤炭的生产也起到了非常大的促进作用，煤炭的产量不断增加，2015 年的煤炭产量超过了节能减排之前的产量。由此可以说明，从长远眼光来看，矿区实施节能减排工程是一项非常有意义的工作，对实现向"低能耗、高效率、零污染"的绿色生产模式转型有着正向的推动作用。

　　通过对节能减排投资多目标模型进行求解，证明了对煤炭矿区进行节能减排投资是非常有必要的。节能减排能促使经济、能源和环境协调发展。在节约能源方面，由于汽油、柴油等成本最高，电力成本次之，原煤成本最低，因此我们应主要采取汽油和柴油的节能设施，在此基础上，兼顾电力和原煤的消耗，同时可以尽量对能源进行充分的循环利用，降低成本。在治理污染物方面，针对 SO_2、烟尘、粉尘等，可以在煤层开采前或者在开采过程中，通过人工控制，在锅炉燃烧的过程中采用脱硫技术，钻孔抽放、浓缩，变废弃物为有利资源，综合利用；针对煤矸石等，可以采用减少排矸的清洁开采技术，在井下开采时，多做煤巷、少做岩巷；针对矿井水等，可以对矿井水清污分流排放和采用矿井水资源化技术。

本章小结

　　为了能在大量的非支配解集中选择少量的几个解以供管理者进行决策，本章在第四章和第五章的多目标优化 Pareto 解集的基础上，首先在目标空间保持 Pareto 解集的前端分布形状的基础上，通过减法聚类 SC 选出每一类的代表解，大量减少候选解集的数量，然后引入管理者对经济效益、环境效益、能源效益三个目标的不同偏好，先后运用多属性联赛决策 MTD 和增益分析法 GAM 对减法分类 SC 的代表解进行二次筛选，最终得到经济偏好型、能源节约型、协调发展型三种节能减排投资方案。通过分析得到，矿区实施节能减排投资是一项非常有必要和有价值的工作，不仅能达成节能减排的目标，还能促进矿区健康和可持续发展。

第七章　结论与展望

第一节　结论

　　传统煤炭矿区在生产煤炭时一味地追求经济效益，忽略了环境问题和能源消耗问题，而如今化石能源日渐枯竭，新能源的成本高且难度大，煤炭矿区生产煤炭时排放的污染物也对生态环境造成了严重的影响。随着国际碳税的逐渐盛行，不采取节能减排措施就会被新的贸易壁垒阻碍其经济的发展。节能减排作为实现经济发展和环境保护双赢的有效途径，不仅是我国自身可持续发展的内在要求，也是为全球减缓气候变化做出的重要贡献。"十一五"规划节能减排战略的实施，煤炭行业在提高能源效率和减少污染排放两方面都有很大的进展。为了完成"十二五"规划节能减排的任务，本书同时考虑经济效益、能源效益和环境效益三个目标，对煤炭生产关键工序中的设备进行节能改造，同时投资一定的项目来治理或综合利用排放物，从本质上解决经济效益与能源浪费和环境污染之间的矛盾，最终实现煤炭矿区的可持续发展。

　　在对煤炭矿区节能效率分析和减排潜力估计的基础上，根据矿区投资的时序性特征，本书分别从静态和动态两个视角，建立了煤炭矿区节能减排静态多目标优化模型和动态多目标优化模型，运用进化算法和多属性决策方法探讨矿区节能减排决策方案，并将其应用到超化煤矿的煤炭生产优化配置中，得出如下结论：

（1）通过对煤炭矿区能源消费结构和污染排放情况的分析，矿区主要消耗原煤、汽油、柴油、电力四种能源，对环境主要排放二氧化硫、矿井水、煤矸石三种污染物。运用 CCR-DEA 模型对矿区的能源效率和减排潜力进行评估，表明矿区当前处于最优的生产前沿，能源利用效率已达到最大化，进一步实施节能减排需要利用先进技术来提高生产效率。

（2）建立的煤炭矿区节能减排投资多目标决策模型，满足了煤炭矿区节能减排投资的决策需要。该模型以原煤产量最大、能耗和污染排放最少为目标，考虑资源、工序、资金和环保等多个约束，较好地描述了中国现阶段典型煤矿节能减排投资的决策需要。

（3）提出的 PSO-NSGA-Ⅱ混合多目标求解算法，比 NSGA-Ⅱ算法具有更好的收敛性、覆盖性和均匀性。针对本书建立的多目标优化模型的决策变量类型前有 0-1 和实数的特点，提出一种混合 PSO 实数编码和 NSGA-Ⅱ二进制编码的求解算法。通过质心距离、覆盖性、间隔距离三个性能指标与 NSGA-Ⅱ的计算结果进行对比，说明 PSO-NSGA-Ⅱ发挥了 PSO 和 NSGA-Ⅱ两种算法的组合优势，具有更好的收敛性、覆盖性、均匀性。

（4）提出的 DNSGA-Ⅱ-PSO 混合进化算法，比 DNSGA-Ⅱ-A 算法更能够探测到进化环境的任何微小的变化，保持种群多样性以避免算法早熟而陷入局部最优，且能通过预测以响应环境的变化。根据动态决策的特点，本书将每个投资计划年作为决策阶段，建立含有实变量和 0-1 变量的动态多目标模型，提出混合算法 DNSGA-Ⅱ-PSO，充分利用 DNSGA-Ⅱ在全局的角度引导算法的搜索方向，PSO 控制局部区域的快速寻优。此混合算法采用环境探测算子探测投资环境的任何变化，结合惯性预测、高斯分布、随机生成三种新个体产生方式完成对新环境的预测。通过对每个环境下的质心距离、覆盖性、间隔距离三个性能指标与 DNSGA-Ⅱ 的计算结果进行对比，说明 DNSGA-Ⅱ-PSO 对决策环境具有更好的探测性和预测性。

（5）运用混合聚类方法 SC-MTD-GAM 根据管理者的偏好对 Pareto 方案集进行筛选，最终得到经济偏好型、能源节约型、协调发展型三种节能减排方案。将矿区节能减排前后的煤炭生产情况进行比较分析：对于经济偏好型投资方案，矿区在达到"十二五"规划节能减排目标的前提下，保证最大的生产能力和充分利用投资资金，最大化煤炭产量；能源节约型投资方案偏重减少能源消耗量和污染物排放量，很大程度上依赖于大量缩减煤炭产量的方式实现；而协调发展型方案通过降低煤炭产量、投资节能改造工程和减排项目三种方式达到节能减排的目标。无论是哪种方案，虽然煤炭产量有暂时降低的现象，但是随着节能设备的改造和综合治理利用项目的实施，节能减排的效果不断累积，煤炭产量最终呈增加的趋势，最终超过节能减排措施前的产量，说明矿区实施节能减排是一项非常有必要和长期的有价值的工作，不仅能达到节能减排的目标，还能从根本上优化矿区煤炭生产的资源配置，促进矿区向"低能耗、高效率、零污染"的绿色生产模式转型。

第二节　展望

煤炭矿区资源配置系统错综复杂，节能减排多目标优化模型在构建时需要考虑一系列的因素，如经济、社会、环境、技术等。优化目标越多，约束条件越复杂，模型求解的难度也越大。煤炭行业不是独立的煤炭生产，也有相应的上下游关系，上下游之间的能源消耗是有一定关联的。因此，煤炭行业的节能减排工作不单单取决于行业内部，行业之间的协同关系也至关重要。由于时间的关系，本书仅仅选取了掘进、回采、提升和选煤四个主要的煤炭生产工序，考虑经济、能源、环境三个因素，针对具体的矿区研究节能减排的决策方案。后续的研究工作将从以下几个方面展开：

（1）高维多目标优化。除了考虑煤炭生产的直接经济效益、能源效益、环境效益三个优化目标，污染物综合循环利用产生的经济效益及社会效益等目标的引入也将对最终的决策方案产生影响。三个或三个以上的多目标问题属于高维多目标优化问题，解空间和目标空间的形状更复杂，需要算法有更好的进化性能。

（2）动态博弈。本书在最终决策方案的筛选过程中，仅仅考虑了矿区管理者的偏好，主观性比较强。其他社会主体目标的引入，势必对矿区管理者的决策产生影响。因此，在不同决策情形下考虑不同主体之间的博弈行为，最终达到动态均衡状态。

（3）供应链优化。考虑煤炭行业的上下游，如煤炭洗选、煤化工和发电等，从供应链角度优化能源消耗构成和减排潜力，探讨行业之间的协同效应，寻求整体最优。

（4）节能减排方案实施的措施。本书最终优化得到经济偏好型、能源节约型、协调发展型三种节能减排方案，这些方案的具体实施需要配套的经济、技术和政策的支持。因此，节能减排方案的实施策略也是一个值得研究的问题。

参考文献

［1］王灵梅. 煤炭能源工业生态学 ［M］. 北京：化学工业出版社，2006.

［2］吴吟. 转变方式，稳中求进，推进煤炭工业科学发展 ［J］. 煤炭经济研究，2012（3）：9-15.

［3］孟凡生. 煤炭工业节能减排技术路线图研究 ［J］. 中国国情国力，2010（11）：29-30.

［4］王广成，闫旭骞. 分形理论在矿区生态系统稳定性评价中的应用 ［J］. 煤炭学报，2008，33（4）：427-430.

［5］席旭东，宋华岭. 矿区生态产业链 （网） 结构与特性探析 ［J］. 中国矿业，2009，18（6）：53-56.

［6］Lee S，Park J，Song H，Maken S，Filburn T. Implication of CO$_2$ capture technologies options in electricity generation in Korea ［J］. Energy Policy，2008，36（1）：326-334.

［7］Huang B，Xu S，Gao S，Liu L，Tao J，Niu H，Cai M，Cheng J. Industrial test and techno-economic analysis of CO$_2$ capture in Huaneng Beijing coal-fired power station ［J］. Applied Energy，2010，87（11）：3347-3354.

［8］张振，谭忠富，胡庆辉. 中国电力产业能效分析及节能减排途径 ［J］. 电力学报，2010，25（5）：360-365.

［9］庞军. 国内外节能减排政策研究综述 ［J］. 生态经济，2008（9）：136-138.

［10］张志峰. 发达国家节能减排政策及成效分析［D］. 吉林大学，2010.

［11］陆婕. 青岛市节能减排内涵、评价和战略研究［D］. 青岛大学，2010.

［12］周冲. 英国节能法律与政策的新特点［J］. 节能与环保，2009（7）：21-23.

［13］杜群，陈海嵩. 德国能源立法和法律制度借鉴［J］. 国际观察，2009（4）：49-57.

［14］王海霞. 节能减排的国际比较研究［D］. 东北林业大学，2011.

［15］吴国华. 中国节能减排战略研究［M］. 北京：经济科学出版社，2009.

［16］李亮，吴瑞明. 节能减排效用分析与评价研究［J］. 科学技术与工程，2009（1）：1-4.

［17］王丽萍，史玉凤. 重大工业工程项目节能减排评估指标体系的构建［J］. 长春大学学报，2009（1）：18-21.

［18］刘元明，单绍磊，高朋钊. 煤炭企业节能减排评价指标体系及模型构建［J］. 经济研究导刊，2011（25）：34-35.

［19］郭莉. 煤化工企业节能减排效果评价研究［D］. 安徽理工大学，2010.

［20］安金朝. 企业节能减排执行能力综合评价研究［J］. 科技进步与对策，2010（15）：138-140.

［21］王震，孙佰清，黄金枝. 基于二次相对效益的煤炭工业节能减排效果评价模型研究［J］. 哈尔滨工业大学学报（社会科学版），2010（5）：54-59.

［22］李红，李喜云. 我国煤炭资源型城市节能减排评价研究［J］. 煤炭经济研究，2011（8）：46-48.

［23］王世进. 企业节能减排绩效评价体系构建与实证研究——以

煤炭上市企业为例 [J]. 经济问题探索，2013（4）：80-85.

[24] 赵亚香，蒋卫东. 企业节能减排绩效评价研究评述 [J]. 煤炭经济研究，2010（3）：54-57.

[25] Yoon S H, Park S H, Suh H K, Lee C S. Effect of biodiesel-ethanol blended fuel spray characteristics on the reduction of exhaust emissions in a common-rail diesel Engine [J]. Journal of Energy Resources Technology-Transactions of the Asme, 2010, 132（4）.

[26] McIlveen-Wright D R, Huang Y, Rezvani S, Mondol J D, Redpath D, Anderson M, Hewitt N J, Williams B C. A Techno-economic assessment of the reduction of carbon dioxide emissions through the use of biomass co-combustion [J]. Fuel, 2011, 90（1）：11-18.

[27] Park S H, Yoon S H, Lee C S. Effects of multiple-injection strategies on overall spray behavior, combustion, and emissions reduction characteristics of biodiesel fuel [J]. Applied Energy, 2011, 88（1）：88-98.

[28] Persson T, Garcia A, Paz J O, Fraisse C W, Hoogenboom G. Reduction in greenhouse gas emissions due to the use of bio-ethanol from wheat grain and straw produced in the south-eastern USA [J]. Journal of Agricultural Science, 2010, 148：511-527.

[29] Liaquat A M, Kalam M A, Masjuki H H, Jayed M H. Potential emissions reduction in road transport sector using biofuel in developing countries [J]. Atmospheric Environment, 2010, 44（32）：3869-3877.

[30] Klemes J J, Bulatov I. Special issue：Process integration, modelling and optimisation for energy saving and pollution reduction-pres'09 [Z]. 2010：12, 585-586.

[31] Simpson D J, Olsen D B. Precombustion chamber design for emissions reduction from large bore NG engines [J]. Journal of Engineering for Gas Turbines and Power-Transactions of the Asme, 2010, 132（12）.

［32］ Liang G C，Liang J S，Wang L J，Zhang H B. Research progress in ionic functional materials used for energy saving and emission reduction：International forum on ecological environment functional materials and Ion industry，seoul，south korea，2009［C］. Trans Tech Publications LTD，Laublsrutistr 24，CH−8717 Stafa−Zurich，Switzerland.

［33］ Chen C C，Lee W J. Using oily wastewater emulsified fuel in boiler：Energy saving and reduction of air pollutant emissions［J］. Environmental Science & Technology，2008，42（1）：270−275.

［34］ Biruduganti M，Gupta S，Bihari B，Sekar R，Asme. No（x） emissions Reduction Using air Separation membranes for different loads in gas −fired engines：Asme International mechanical engineering congress and exposition，lake buena vista，FL［C］. Amer SOC Mechanical Engineers，Three Park Avenue，New York，NY 10016−5990 USA，2009.

［35］ Suwala W. Decomposing carbon dioxide emissions reduction for polish coal based power generation system［J］. Rynek Energii，2010（4）：125−128.

［36］ Utaki T. Development of coal mine methane concentration technology for reduction of greenhouse gas emissions［J］. Science China−Technological Sciences，2010，53（1）：28−32.

［37］ Ninomiya Y，Wang Q Y，Xu S Y，Mizuno K，Awaya I. Effect of additives on the reduction of PM2.5 emissions during pulverized coal combustion［J］. Energy & Fuels，2009，23（7）：3412−3417.

［38］ Chiriac R，Descombes G. Fuel consumption and pollutant emissions reduction for diesel engines by recovery of wasted energy［J］. Environmental Engineering and Management Journal，2010，9（10）：1335−1340.

［39］ Endo N，Maeda T，Hasegawa Y. Energy saving performance of distributed heating and cooling system［J］. Electrical Engineering in Japan，

2011，174（2）：46-53.

　［40］Matsuda K，Kawazuishi K，Hirochi Y，Sato R，Kansha Y，Fushimi C，Shikatani Y，Kunikiyo H，Tsutsumi A. Advanced energy saving in the reaction section of the hydro-desulfurization process with self-heat recuperation technology［J］. Applied Thermal Engineering，2010，30（16）：2300-2305.

　［41］Tomas-Alonso F. A new perspective about recovering SO_2 offgas in coal power plants：Energy saving. Part I. Regenerable wet methods［J］. Enertgy Sources，2005，27（11）：1035-1041.

　［42］Tomas-Alonso F. A new perspective about recovering SO_2 offgas in coal power plants：Energy saving. Part II. Regenerable dry methods［J］. Energy Sources，2005，27（11）：1043-1049.

　［43］Tomas-Alonso F. A new perspective about recovering SO_2 offgas in coal power plants：Energy saving. Part III. Selection of the best methods［J］. Energy Sources，2005，27（11）：1051-1060.

　［44］徐通. 低碳经济背景下煤炭行业节能减排方法创新问题探讨［J］. 煤炭经济研究，2012（6）：45-46.

　［45］张绍强. 发展煤矸石电厂抓好煤炭企业节能减排［J］. 中国高校科技与产业化，2008（Z1）：114-116.

　［46］Lu C Y，Zhang X L，He J K. A CGE analysis to study the impacts of energy investment on economic growth and carbon dioxide emission：A case of Shaanxi province in western China［J］. Energy，2010，35（11）：4319-4327.

　［47］Chen M M，Shen J F. Fiscal and taxation policy research on promoting energy-saving and emissions reduction：2nd International conference on value engineering and value management，Beijing，peoples R China，2009［C］. Publishing House Electronics Industry，PO BOX 173 Wanshou Road，Beijing 100036，Peoples R Cchina，2009.

［48］ 刘喜丽. 税收促进节能减排研究［D］. 山东大学，2010.

［49］ Feng Y P，Liu C B. Grey relation analysis of economics，energy consumption and environment in China：15th international conference on management science and engineering，Long Beach，CA，2008［C］. IEEE，345 E 47TH ST，New York，NY 10017 USA.

［50］ 许祥左. 对煤炭企业实现"十二五"节能减排目标的思考［J］. 能源研究与利用，2011（3）：44-47.

［51］ 黄飞，李兰兰，於世为，诸克军. 基于 SD 的煤炭矿区节能减排仿真与调控［J］. 数学的实践与认识，2012（6）：74-83.

［52］ 崔秀敏. 企业节能减排激励机制研究［J］. 生态经济，2010（8）：46-48.

［53］ 王维国，王霄凌. 基于演化博弈的我国高能耗企业节能减排政策分析［J］. 财经问题研究，2012（4）：75-82.

［54］ 代应，宋寒，蒲勇健. 低碳经济下企业节能减排技术改造进化博弈分析［J］. 工业技术经济，2013（3）：137-141.

［55］ 玄光男，程润伟. 遗传算法与工程优化［M］. 北京：清华大学出版社，2004.

［56］ 林锉云，董加礼. 多目标优化的方法与理论［M］. 长春：吉林教育出版社，1992.

［57］ Pareto V. Course economic politique［Z］. Lausanne：Rouge，1896.

［58］ Von Neumann J，Morgenstern O. Theory of games and economic behavior［Z］. Princeton：Princeton University Press，1944.

［59］ Koopmans T C. Activity analysis of production and allocation［Z］. New York：Wiley，1952.

［60］ Kuhn H W，Tucker A W. Nonlinear programming：Proceedings of 2nd Berkeley symposium on mathematical statistics and probability，Berkeley，1952［C］. University of California Press.

［61］Zitzler E. Evolutionary algorithm for multiobjective optimization: Methods and application ［D］. Zurich: Swiss Federal Institude of Technology, 1999.

［62］王勇, 蔡自兴, 周育人, 肖赤心. 约束优化进化算法 ［J］. 软件学报, 2009（1）: 11-29.

［63］Farmani R, Wright J A. Self-adaptive fitness formulation for constrained optimization ［J］. IEEE Transactions on Evolutionary Computation, 2003, 7（5）: 445-455.

［64］Kozie S, Michalewicz Z. Evolutionary algorithm, homorphous mapping, and constrainen parameter optimization ［J］. Evoltionary Computation, 1999, 7（1）: 19-44.

［65］崔逊学. 多目标进化算法及其应用 ［M］. 北京: 国防工业出版社, 2008: 107.

［66］Deb K, Pratap A, Agarwal S, Meyarivan T. A fast and elitist multiobjective genetic algorithm: NSGA-II ［J］. Evolutionary Computation, IEEE Transactions on, 2002, 6（2）: 182-197.

［67］Steuer R E. Mutiple Criteria Optimization: Theory, Computation, and Application ［M］. New York: Eiley, 1986.

［68］Rosenberg R S. Simulation of genetic populations with biochemical properties ［D］. Michigan: University of Michigan, 1967.

［69］Holland J H. Adaptation in Natural and Artificial Systems ［M］. Michigan: The University of Michigan Press, 1975.

［70］Schaffer J D. Multiple objective optimization with vector evaluated genetic algorithms: Proceedings of 1st international conference on genetic algorithm and their applications, Hillsdale: Lawrence Erlbaum Associates, Inc., 1985 ［C］.

［71］Goldberg D E. Genetic algorithm for search, optimization, and machine learning ［M］. Boston: Addison-Wesley Longman Publishing Co.,

Inc., 1989.

[72] Fonseca C, Fleming P. Genetic algorithm for multiobjective op-timization: Formulation, discussion and generation: Proceedings of 5th inernational conference on genetic algorithms [C]. San Mateo: Morgan Kauffman Publishers, 1993.

[73] Srinivas N, Deb K. Multiobjective optimization using non-domi-nated sorting in genetic algorithms [J]. Evolutionary Computation, 1994, 2 (3): 221–248.

[74] Horn J, Nafpliotis N, Goldberg D E. A niched Pareto genetic algorithm for multiobjective optimization: 1st IEEE congress on evolution-ary computation [C]. Piscataway: IEEE, 1994.

[75] Zitzler E, Thiele L. Multiobjective evolutionary algorithms: a comparative case study and the strength Pareto approach [J]. IEEE Trans-actions on Evolutionary Computation, 1999, 3 (4): 257–271.

[76] Deb K, Jain H. Handling many-objective problems using an improved NSGA-II procedure: Evolutionary computation (CEC), 2012 IEEE Congress on, Brisbane, QLD [C]. 10–15 June 2012.

[77] Al-Hajri M T, Abido M A. Multiobjective optimal power flow using improved strength pareto evolutionary algorithm (SPEA2): Intelli-gent systems design and applications (ISDA), 2011 11th international conference on, Cordoba, 2011 [C]. 22–24 Nov. 2011.

[78] Tenenbaum J B, Silva V, Langford J C. A global geometric framework for nonlinear dimensionality reduction [J]. Science, 2000, 290 (22): 2319–2323.

[79] Ray B. Visualizing Data: Exploring and explaining data with the processing environment [M]. Sebastopol: O'Reilly Press, 2007.

[80] Li X. A non-dominated sorting particle swarm optimizer for multiobjective optimization: Proceeding of the genetic and evolutionary

computation conference〔C〕. Berlin：Springer-Verlag，2003.

〔81〕 Li H，Zhang Q F. A multi-objective differential evolution based on decomposition for multiobjective optimization with variable linkages：Proceeding of 9th international conference on parallel problem solving from nature〔C〕. Berlin：Springer-Verlag，2006.

〔82〕 Deb K. Multi-Objective genetic algorithms：Problem difficulties and construction of test problems〔J〕. Evolutionary Computation，1999，7（3）：205-230.

〔83〕 Coello Coello C A，Pulido G T，Lechuga M S. Handing multiple objectives with particle swarm optimization〔J〕. IEEE Trans. on Evolutionary Computations，2004，8（3）：256-279.

〔84〕 Wei J X，Wang Y P. Multi-objective fuzzy particle swarm optimization based on elite archiving and its convergence〔J〕. Systems Engineering and Electronics，Journal of，2008，19（5）：1035-1040.

〔85〕 Niknam T，Narimani M R，Aghaei J，Azizipanah-Abarghooee R. Improved particle swarm optimisation for multi-objective optimal power flow considering the cost，loss，emission and voltage stability index〔J〕. Generation，Transmission & Distribution，IET，2012，6（6）：515-527.

〔86〕 Reyes Sierra M，Coello Coello C A. Improving PSO-based multi-objective optimization using crowding，mutation and e-dominance：Proceeding EMO'05 proceedings of the third international conference on evolutionary multi-criterion optimization〔C〕. Berlin：Springer-Verlag，2005.

〔87〕 Abido M A. Two level of nondominated solutions approach to multiobjective particle swarm optimization：of the genetic and evolutionary computation proceeding GECCO'07 proceedings of the 9th annual conference on genetic and evolutionary computation〔C〕. New York：ACM Press，2007.

［88］ Korudu P, Das S, Welch S M. Multi－Objective hybrid PSO using μ－fuzzy dominance：Proceeding GECCO'07 Proceedings of the 9th annual conference on genetic and evolutionary computation ［C］. New York：ACM Press，2007.

［89］ Pham M, Zhang D, Koh C. Multi－Guider and Cross－Searching approach in multi－objective particle swarm optimization for electromagnetic problems ［J］. Magnetics, IEEE Transactions on, 2012, 48（2）：539－542.

［90］ Xue B, Zhang M, Browne W N. Particle swarm optimization for feature selection in classification：A multi－objective approach：Cybernetics, IEEE Transactions on ［Z］. 2013：1－16.

［91］ Coello Coello C A, Cortes N C. Solving multiobjective optimization problems using an artificial immune system ［J］. Genetic Programming and Evolvable Machines, 2005, 6（2）：163－190.

［92］ 焦李成，尚荣华，马文萍，公茂果，李阳阳，刘芳. 多目标优化免疫算法、理论和应用 ［M］. 多目标优化免疫算法、理论和应用. 北京：科学出版社，2010：12－16.

［93］ Khan N, Goldberg D E, Pelikan M. Multi－oobjective Bayesian optimization algorithm, Technical Report, No.2002009 ［R］. University of Illinois at Urbana－Champaign, 2002.

［94］ Laumanns M, Ocenasek J. Bayesian optimization algorithms for multi－objective optimization：Proceedings of 7th international conference on parellel problem soving form nature ［C］. London：Springer－Verlag, 2002.

［95］ Zhang Q F, Zhou A, Yao Chu J. RM－MEDA：A regularity model－based multiobjective estimation of distribution algorithm ［J］. Evolutionary Computation, IEEE Transactions on, 2008, 12（1）：41－63.

［96］ Yang D D, Jiao L C, Gong M G, Feng H X. Hybrid multiobjective estimation of distribution algorithm by local linear embedding and an immune inspired algorithm: Evolutionary computation, 2009. CEC'09. IEEE Congress on, Trondheim [C]. 2009, 5: 18-21.

[97] Gao Y, Hu X, Liu H L, Feng Y Y. Multiobjective estimation of distribution algorithm combined with PSO for RFID network optimization: Measuring technology and mechatronics automation (ICMTMA), 2010 International Conference on, Changsha City [C]. 2010, 3: 13-14.

[98] Wang L, Fang C, Mu C, Liu M. A Pareto-archived estimation-of-distribution algorithm for multiobjective resource-constrained project scheduling problem [J]. Engineering Management, IEEE Transactions on, 2013, 60 (3): 617-626.

[99] 刘静. 协同进化算法及其应用研究 [D]. 西安电子科技大学, 2004.

[100] Tan K C, Yang Y J, Goh C K. A distributed cooperative co-evolutionary algorithm for multiobjective optimization [J]. IEEE Transactions on Evolutionary Computation, 2006, 10 (5): 527-549.

[101] Goh C K, Tan K C. A competitive-cooperative coevolutionary paradigm for dynamic multiobjective optimization [J]. IEEE Transactions on Evolutionary Computation, 2009, 13 (1): 103-127.

[102] Godoy M A, Duarte A F, Von Lucken C, Davalos E. Radial basis neural network design using a competitive cooperative coevolutionary multiobjective algorithm: Informatica (CLEI), 2012 XXXVIII Conferencia Latinoamericana En, Medellin [C]. 2012, 10: 1-5.

[103] Antonio L M, Coello Coello C A. Use of cooperative coevolution for solving large scale multiobjective optimization problems: Evolutionary computation (CEC), 2013 IEEE Congress on, Cancun [C]. 2013, 7: 20-23.

[104] Li H, Zhang Q F. Multiobjective optimization problems with complicated Pareto sets, MOEA/D and NSGA-II [J]. Evolutionary Compu-

tation, IEEE Transactions on, 2009, 13（2）: 284–302.

［105］ Zhang Q F, Li H. MOEA/D: A multiobjective evolutionary algorithm based on decomposition［J］. IEEE Trans. on Evolutionary Computation, 2007, 11（6）: 712–731.

［106］ Mei Y, Tang K, Yao X. Decomposition–Based memetic algorithm for multiobjective capacitated arc routing problem［J］. Evolutionary Computation, IEEE Transactions on, 2011, 15（2）: 151–165.

［107］ Li Y, Zhou A, Zhang G. A decomposition based estimation of distribution algorithm for multiobjective knapsack problems: Natural computation（ICNC）, 2012 Eighth International Conference on, Chongqing［C］. 2012, 5: 29–31.

［108］ Gao F, Zhou A, Zhang G. An estimation of distribution algorithm based on decomposition for the multiobjective TSP: Natural Computation（ICNC）, 2012 Eighth International Conference on, Chongqing［C］. 2012, 5: 29–31.

［109］ Ke L, Zhang Q, Battiti R. MOEA/D–ACO: A multiobjective evolutionary algorithm using decomposition and ant colony: Cybernetics, IEEE Transactions on［Z］. 2013: 1–15.

［110］ Shim V A, Tan K C, Cheong C Y. A hybrid estimation of distribution algorithm with decomposition for solving the multiobjective multiple traveling salesman problem［J］. Systems, Man, and Cybernetics, Part C: Applications and Reviews, IEEE Transactions on, 2012, 42（5）: 682–691.

［111］ Huband S, Hingston P, Barone L, While L. A review of multiobjective test problems and a scalable test problem toolkit［J］. Evolutionary Computation, IEEE Transactions on, 2006, 10（5）: 477–506.

［112］ Zitzler E, Deb K, Thiele L. Comparison of multi–objective evolutionary algorithms: Empirical results［J］. Evolutionary Computation,

2000，8（2）：173-195.

[113] Deb K，Thiele L，Laumanns M，Zitzler E. Scalable multi-objective optimization test problems：CEC'02. Proceedings of the 2002 Congress on Evolutionary Computation，Honolulu，HI，2002.

[114] Deb K. Multi-objective optimization using evoltionary algorithm [M]. Chichester：Wiley，2001.

[115] Zitzler E，Thiele L，Laumanns M，Fonseca C M，Da Fonseca V G. Performance assessment of multiobjective optimizers：an analysis and review [J]. Evolutionary Computation，IEEE Transactions on，2003，7（2）：117-132.

[116] Schott J R. Fault tolerant design using single and multicritieria genetic algorithm optimization [D]. Cambridge：Massachusetts Institute of Technology，1995.

[117] Arikan Y，Kilic C. A multiobjective approach to energy environment planning problem：Melecon'96 8th Mediterranean Electrotechnical Conference，Bari，1996.

[118] 王峰，吕渭济，杨德武. 煤炭产业动态投入产出多目标优化模型 [J]. 辽宁工程技术大学学报（社会科学版），2004（3）：253-255.

[119] 于娜. 基于节能目标的辽宁省产业结构优化研究 [D]. 大连理工大学，2009.

[120] 张新坡. 节能减排约束下区域产业结构优化模型的建立及求解 [D]. 中国石油大学，2010.

[121] 陈庆. 环境、资源约束下的武汉市产业结构调整多目标优化研究 [D]. 华中科技大学，2011.

[122] 王峰，李树荣. 多目标产业结构优化最优控制模型的改进及求解 [J]. 中国石油大学学报（自然科学版），2011（2）：182-187.

[123] 朱金艳，魏晓平，彭红军. 大型煤炭供应链多目标多阶段优化模型与应用 [J]. 统计与决策，2010（6）：72-75.

[124] 彭红军，周梅华. 基于复杂需求的煤炭供应链多目标集成优化模型与算法 [J]. 统计与决策，2010（4）：35–37.

[125] Afshar P, Brown M, Maciejowski J, Hong W. Data–based robust multiobjective optimization of interconnected processes: Energy efficiency case study in papermaking [J]. Neural Networks, IEEE Transactions on, 2011, 22（12）：2324–2338.

[126] 张志刚，马光文. 节能减排环境下水火电站群多目标优化调度模型研究 [J]. 四川大学学报（工程科学版），2009（2）：53–57.

[127] 张志刚，马光文. 基于 NSGA–Ⅱ 算法的多目标水火电站群优化调度模型研究 [J]. 水力发电学报，2010（1）：213–218.

[128] 饶攀，彭春华. 基于改进微分进化算法的节能减排发电调度研究 [J]. 华东交通大学学报，2010（5）：48–52.

[129] 饶攀. 基于节能减排的多目标优化发电调度研究 [D]. 华东交通大学，2011.

[130] 张焱，王艳，王磊. 基于原对偶解耦内点法的节能减排多目标动态优化调度研究 [J]. 江苏电机工程，2011（2）：11–15.

[131] 覃晖，周建中. 基于多目标文化差分进化算法的水火电力系统优化调度 [J]. 电力系统保护与控制，2011（22）：90–97.

[132] 裴旭，黄民翔，徐国丰. 基于多目标粒子群算法的节能减排调度研究 [J]. 机电工程，2012（3）：353–358.

[133] Mostafa H A, El–Shatshat R, Salama M M A. Multi–objective optimization for the operation of an electric distribution system with a large number of single phase solar generators [J]. Smart Grid, IEEE Transactions on, 2013, 4（2）：1038–1047.

[134] Chaouachi A, Kamel R M, Andoulsi R, Nagasaka K. Multi–objective intelligent energy management for a Microgrid [J]. Industrial Electronics, IEEE Transactions on, 2013, 60（4）：1688–1699.

[135] K. Zou, P Agalgaonkar A, M Muttaqi K, S Perera. Multi–

objective optimisation for distribution system planning with renewable energy，IEEE International Energy Conference and Exhibition（EnergyCon），[C]. 2010

[136] Kitamura S，Mori K，Shindo S，Izui Y，Ozaki Y. Multiobjective energy management system using modified MOPSO：Systems，man and cybernetics，2005 IEEE International Conference [C]. 2005（10）：10-12.

[137] Aki H，Oyama T，Tsuji K. Analysis of energy pricing in urban energy service systems considering a multiobjective problem of environmental and economic impact [J]. Power Systems，IEEE Transactions on，2003，18（4）：1275-1282.

[138] Filipic B，Lorencin I. Evolutionary multiobjective design of an alternative energy supply system：IEEE Congress on Evolutionary Computation（CEC），Brisbane，Australia，2012.

[139] 何小磊，严正，谢毓广. 节能减排背景下的机组组合模型和算法研究 [J]. 水电能源科学，2009（3）：154-157.

[140] 张晓花，赵晋泉，陈星莺. 节能减排多目标机组组合问题的模糊建模及优化 [J]. 中国电机工程学报，2010（22）：71-76.

[141] 顾伟，吴志，王锐. 考虑污染气体排放的热电联供型微电网多目标运行优化 [J]. 电力系统自动化，2012（14）：177-185.

[142] Farina M，Deb K，Amato P. Dynamic multiobjective optimization problems：test cases，approximations，and applications [J]. Evolutionary Computation，IEEE Transactions on，2004，8（5）：425-442.

[143] Fogel L J，Owens A J，Walsh M J. Artificial intelligence through simulated evolution [M]. New York：Wiley，1966.

[144] 刘淳安. 动态多目标优化进化算法研究综述 [J]. 海南大学学报（自然科学版），2010（2）：176-182.

［145］ Zeng S，Chen G，Zheng L，Shi H，De Garis H，Ding L X，Kang L S. A dynamic multi−objective evolutionary algorithm based on an orthogonal design：IEEE Congress on Evolutionary Computation，Vancouver，BC，2006.

［146］ Deb K，Rao U B N，Karthik S. Dynamic multi−objective optimization and decision−making using modied NSGA−II：a case study on hydro−thermal power scheduling：Proceeding EMO'07 proceedings of the 4th international conference on evolutionary multi−criterion optimization，Berlin. Springer−Verlag.

［147］ Jia L，Zeng S Y，Zhou D，Zhou A，Li Z J，Jing H Y. Dynamic multi−objective differential evolution for solving constrained optimization problem：IEEE Congress on Evolutionary Computation（CEC），New Orleans，LA，2011.

［148］ Greeff M，Engelbrecht A P. Solving dynamic multi−objective problems with vector evaluated particle swarm optimisation：Evolutionary Computation，2008. CEC 2008.（IEEE World Congress on Computational Intelligence）. IEEE Congress on，Hong Kong［C］. 2008，6：1−6.

［149］ Goh C，Chen Tan K. A competitive−cooperative coevolutionary paradigm for dynamic multiobjective optimization［J］. Evolutionary Computation，IEEE Transactions on，2009，13（1）：103−127.

［150］ Helbig M，Engelbrecht A P. Analyses of guide update approaches for vector evaluated particle swarm optimisation on dynamic multi−objective optimisation problems：Evolutionary Computation（CEC），2012 IEEE Congress on，Brisbane，QLD，2012［C］. 2012，6：10−15.

［151］ 刘淳安，王宇平. 基于新模型的动态多目标优化进化算法［J］. 计算机研究与发展，2008（4）：603−611.

［152］ 钱淑渠，张著洪. 动态多目标免疫优化算法及性能测试研究［J］. 智能系统学报，2007（5）：68−77.

[153] 刘淳安. 一种求解动态多目标优化问题的粒子群算法 [J]. 系统仿真学报, 2011 (2): 288-293.

[154] Zheng B J. A new dynamic multi-objective optimization evolutionary algorithm: Third International Conference on Natural Computation, Haikou, 2007.

[155] Wang Y, Li B. Investigation of memory-based multi-objective optimization evolutionary algorithm in dynamic environment: CEC'09. IEEE Congress on Evolutionary Computation, Trondheim, 2009.

[156] Helbig M, Engelbrecht A P. Archive management for dynamic multi-objective optimisation problems using vector evaluated particle swarm optimisation: Evolutionary Computation (CEC), 2011 IEEE Congress on, New Orleans, LA [C]. 2011, 6: 5-8.

[157] Hatzakis I, Wallace D. Dynamic multi-objective optimization with evolutionary algorithms: A forward-looking approach: Proceedings of the 8th Annual Conference on Genetic and Evolutionary Computation, ACM New York, NY, USA, 2006.

[158] Zhou A, Jin Y, Zhang Q, Sendhoff B, Tsang E. Prediction-based population re-initialization for evolutionary dynamic multiobjective optimization: Proceeding EMO'07 Proceedings of the 4th international conference on Evolutionary multi-criterion optimization, Berlin Springer-Verlag, 2007.

[159] 彭星光, 徐德民, 高晓光. 基于 Pareto 解集关联与预测的动态多目标进化算法 [J]. 控制与决策, 2011 (4): 615-618.

[160] 武燕, 刘小雄, 池程芝. 动态多目标优化的预测遗传算法 [J]. 控制与决策, 2013 (5): 677-682.

[161] Zhang Q, Zhou A, Zhao S Z, Suganthan P N, Liu W, Tiwari S. Multiobjective optimization test instances for the CEC 2009 special session and competition [R]. University of Essex and Nanyang Technolog-

ical University，2008.

[162] Osyczka A，Kundu S. A modified distance method for multi-criteria optimization，using genetic algorithms [J]. Computers & Industrial Engineering，1996，30（4）：871-882.

[163] 胡铁松，袁鹏，万永华，冯尚友. 电源规划的双目标动态规划模型 [J]. 水电能源科学，1994（2）：91-99.

[164] Jiang C，Wang C. Improved evolutionary programming with dynamic mutation and metropolis criteria for multi-objective reactive power optimisation [J]. Generation，Transmission and Distribution，IEE Proceedings，2005，152（2）：291-294.

[165] Luo P，Zhou J，Qin H，Lu Y. Long-term optimal scheduling of cascade hydropower stations using fuzzy multi-objective dynamic programming approach：2011 International Conference on Intelligent Computation Technology and Automation（ICICTA），Shenzhen，Guangdong，2011.

[166] Soroudi A，Caire R，Hadjsaid N，Ehsan M. Probabilistic dynamic multi-objective model for renewable and non-renewable distributed generation planning [J]. Generation，Transmission & Distribution，IET，2011，5（11）：1173-1182.

[167] 杨媛媛，杨京燕，夏天，白晓磊，马昌建. 基于改进差分进化算法的风电并网系统多目标动态经济调度 [J]. 电力系统保护与控制，2012（23）：24-29.

[168] 洪博文，郭力，王成山，焦冰琦，刘文建. 微电网多目标动态优化调度模型与方法 [J]. 电力自动化设备，2013（3）：100-107.

[169] Niknam T，Golestaneh F，Sadeghi M S. theta-Multiobjective Teaching Learning-Based optimization for dynamic economic emission dispatch [J]. Systems Journal，IEEE，2012，6（2）：341-352.

[170] Niknam T，Azizipanah-Abarghooee R，Zare M，Bahmani-

Firouzi B. Reserve constrained dynamic environmental/Economic dispatch: A new multiobjective self-Adaptive learning bat algorithm: Systems Journal, IEEE [Z]. 2013: 1.

[171] Nguyen S, Zhang M, M J, Tan K C. A coevolution genetic programming method to evolve scheduling policies for dynamic multi-objective job shop scheduling problems: IEEE Congress on Evolutionary Computation (CEC), Brisbane, QLD, 2012.

[172] 邰丽君, 胡如夫, 赵韩, 陈曹维. 面向云制造服务的制造资源多目标动态优化调度 [J]. 中国机械工程, 2013 (12).

[173] Valentini G, Abbas C J B, Villalba L J G, Astorga L. Dynamic multi-objective routing algorithm: a multi-objective routing algorithm for the simple hybrid routing protocol on wireless sensor networks [J]. Communications, IET, 2010, 4 (14): 1732-1741.

[174] Wang X, Xiao J. Multi-objective dynamic programming for the optimal operation of natural gas production and sales: 2010 International Conference On Computer and Communication Technologies in Agriculture Engineering (CCTAE), Chengdu, 2010 [C].

[175] 那日萨, 唐焕文. 一个多目标动态投入产出优化模型及算法 (Ⅰ) [J]. 系统工程理论与实践, 1998 (8): 50-53.

[176] 那日萨, 唐焕文. 一个多目标动态投入产出优化模型及算法 (Ⅱ) [J]. 系统工程理论与实践, 1998 (9): 92-96.

[177] 董琨. 中国产业结构多目标动态随机优化模型 [D]. 大连理工大学, 2008.

[178] 李强强. 基于多目标动态投入产出优化模型的能源系统研究 [D]. 华中科技大学, 2009.

[179] Hwang C, Masud A S M. Multiple objective decision making—Methods and applications [M]. Springer Berlin Heidelberg, 1979.

[180] Hwang C, Masud A S M. Multiple objective decision making-

Methods and applications ［M］. Springer Berlin Heidelberg，1979.

［181］崔逊学. 基于多目标优化的进化算法研究 ［D］. 中国科学技术大学，2001.

［182］徐泽水. 几类多属性决策方法研究 ［D］. 东南大学，2003.

［183］Bian Z Q，Sha Y Z，Lv W H. Fuzzy multi-objective decision making method with incomplete weighting factors information in the solar investment project evaluation：Sixth International Conference on Natural Computation （ICNC），Yantai，Shandong，2010.

［184］覃晖. 流域梯级电站群多目标联合优化调度与多属性风险决策 ［D］. 华中科技大学，2011.

［185］卢有麟. 流域梯级大规模水电站群多目标优化调度与多属性决策研究 ［D］. 华中科技大学，2012.

［186］葛菲菲. 基于多目标优化和多属性决策的一维下料问题研究 ［D］. 合肥工业大学，2012.

［187］陈晓红，胡文华，曹裕，陈建二. 基于梯形模糊数的分层多目标线性规划模型在多属性不确定决策问题中的应用 ［J］. 管理工程学报，2012（4）：192-198.

［188］Liu H，Zhang Q S，Yao L G. Multi-objective particle swarm optimization algorithm based on grey relational analysis with entropy weight ［J］. Journal of Grey System，2010，22（3）：265-274.

［189］Yang K Y，Bian H X，Kang Y B，Zhu F. Application of multi-objective grey association degree decision model in the yellow river basin water conservancy project investment ［J］. Proceedings of the 4th International Yellow River Forum on Ecological Civilization and River Ethics，VOL IV，2010：208-211.

［190］Li H，Yao Z. Construction project risk decision-making based on grey multi-objective decision-making ［M］//STAFA-ZURICH：Trans Tech Publications LTD，2012：323-328.

[191] 武新宇，范祥莉，程春田，郭有安. 基于灰色关联度与理想点法的梯级水电站多目标优化调度方法 [J]. 水利学报，2012（4）：422–428.

[192] 梅年峰，罗学东，蒋楠，范新宇，代贞伟，罗华. 基坑支护方案灰色多目标决策优选模型的建立与应用 [J]. 中南大学学报（自然科学版），2013（5）：1982–1987.

[193] 罗利民，谢能刚，仲跃，包家汉. 区域水资源合理配置的多目标博弈决策研究 [J]. 河海大学学报（自然科学版），2007（1）：72–76.

[194] 傅玉颖，潘晓弘，王正肖. 模糊合作博弈下的供应链多目标优化 [J]. 浙江大学学报（工学版），2009（9）：1644–1648.

[195] 李厚甫. 基于博弈策略的多目标进化算法研究 [D]. 湖南大学，2011.

[196] 陈冬. 基于群智能及博弈策略的多目标优化算法研究 [D]. 湖南大学，2010.

[197] 游晓明，刘升，王裕明. 网络资源并行分配的多目标优化博弈量子方法 [J]. 系统工程理论与实践，2011（S2）：49–55.

[198] 严明，刘鸿雁. 基于博弈理论的货运列车编组调度多目标优化模型 [J]. 系统科学学报，2012（1）：80–84.

[199] Niknam T，Azizipanah-Abarghooee R，Narimani M R. An efficient scenario-based stochastic programming framework for multi-objective optimal micro-grid operation [J]. Applied Energy，2012，99：455–470.

[200] 刘勇，Jeffrey F，赵焕焕，刘思峰，刘家树. 基于前景理论的多目标灰色局势决策方法 [J]. 系统工程与电子技术，2012（12）：2514–2519.

[201] 牛鸿蕾，江可申. 中国产业结构调整碳排放效应的多目标遗传算法 [J]. 系统管理学报，2013（4）：560–566.

[202] 于鹏飞，李悦，郗敏，孔范龙. 基于 DEA 模型的国内各地区节能减排效率研究 [J]. 环境科学与管理，2010，35（4）：13-16.

[203] 韩一杰，刘秀丽. 基于超效率 DEA 模型的中国各地区钢铁行业能源效率及节能减排潜力分析 [J]. 系统科学与数学，2011，31（3）：287-298.

[204] 汪克亮，杨宝臣，杨力. 基于环境效应的中国能源效率与节能减排潜力分析 [J]. 管理评论，2012，24（8）：40-50.

[205] 汪克亮，杨宝臣，杨力. 中国能源利用的经济效率，环境绩效与节能减排潜力 [J]. 经济管理，2010（10）：1-9.

[206] 孙欣，张可蒙，宋马林. 中国省域节能减排效率评价及其影响因素研究 [J]. 西北农林科技大学学报（社会科学版），2014.

[207] Hu J，Wang S. Total-factor energy efficiency of regions in China [J]. Energy Policy，2006，34（17）：3206-3217.

[208] 韩亚芬. 环境学习曲线与中国省际节能减排潜力分析 [D]. 陕西师范大学，2008.

[209] 齐文波. 基于环境学习曲线的山东省 SO_2 排放及节能减排潜力分析 [J]. 山东科技大学学报（社会科学版），2008（5）：59-63.

[210] 侯步蟾. 基于环境学习曲线的我国重点行业节能减排潜力分析 [D]. 华北电力大学（北京），2011.

[211] 张旭，孙根年. 中国电力工业环境学习曲线与节能减排潜力分析 [J]. 哈尔滨工业大学学报（社会科学版），2008（4）：89-95.

[212] Charnes A，Cooper W W，Rhodes E. Measuring the efficiency of decision making units [J]. European Journal of Operational Research，1978，2（6）：429-444.

[213] Färe R，Grosskopf S，Lovell C K，Pasurka C. Multilateral productivity comparisons when some outputs are undesirable: a nonparametric approach [J]. The Review of Economics and Statistics，1989，71（1）：90-98.

［214］ Yeh T, Chen T, Lai P. A comparative study of energy utilization efficiency between Taiwan and China ［J］. Energy Policy, 2010, 38 (5): 2386-2394.

［215］ Honma S, Hu J. Efficient waste and pollution abatements for regions in Japan ［J］. International Journal of Sustainable Development & World Ecology, 2009, 16 (4): 270-285.

［216］ Chung Y H, Färe R, Grosskopf S. Productivity and undesirable outputs: a directional distance function approach ［J］. Journal of Environmental Management, 1997, 51 (3): 229-240.

［217］ 冯媛媛. 山东省工业节能减排效率评价模型构建及研究 ［D］. 中国海洋大学, 2011.

［218］ 魏权龄, 胡显佑, 严颖. 运筹学通论 ［M］. 北京: 中国人民大学出版社, 2001.

［219］ Schott J R. Fault tolerant design using single and multicriteria genetic algorithm optimization ［R］. DTIC Document, 1995.

［220］ Zio E, Bazzo R. A clustering procedure for reducing the number of representative solutions in the Pareto front of multiobjective optimization problems ［J］. European Journal of Operational Research, 2011, 210 (3): 624-634.

［221］ Zio E, Bazzo R. Multiobjective optimization of the inspection intervals of a nuclear safety system: a clustering-based framework for reducing the Pareto Front ［J］. Annals of Nuclear Energy, 2010, 37 (6): 798-812.

［222］ Rousseeuw P J. Silhouettes: a graphical aid to the interpretation and validation of cluster analysis ［J］. Journal of Computational and Applied Mathematics, 1987, 20: 53-65.

［223］ Rousseeuw P, Trauwaert E, Kaufman L. Some silhouette-based graphics for clustering interpretation ［J］. Belgian Journal of Operations Research, Statistics and Computer Science, 1989, 29 (3): 35-55.

[224] Parreiras R O, Vasconcelos J A. Decision making in multiobjective optimization aided by the multicriteria tournament decision method [J]. Nonlinear Analysis: Theory, Methods & Applications, 2009, 71 (12): 191-198.